羅大頭數學冒險

進階3

羅阿牛工作室 ◎ 著

中 華 教 育

責任編輯　葉楚溶
裝幀設計　鄧佩儀
排　　版　陳美連
印　　務　劉漢舉

羅阿牛工作室 ◎ 著

出版 | 中華教育
香港北角英皇道 499 號北角工業大廈 1 樓 B 室
電話：(852) 2137 2338　傳真：(852) 2713 8202
電子郵件： info@chunghwabook.com.hk
網址： http://www.chunghwabook.com.hk

發行 | 香港聯合書刊物流有限公司
香港新界荃灣德士古道 220-248 號荃灣工業中心 16 樓
電話：(852) 2150 2100　傳真：(852)2407 3062
電子郵件： info@suplogistics.com.hk

印刷 | 泰業印刷有限公司
香港新界大埔工業邨大貴街 11 至 13 號

版次 | 2024 年 3 月第 1 版第 1 次印刷

規格 | 16 開（235mm x 170mm）

ISBN | 978-988-8861-45-3

羅大頭

性格　遇事沉着冷靜，善於思考，對事情有獨到的見解。

數學能力　對研究數學問題有極大的興趣和熱情，有較高的數學天賦。

朱栗

性格　文科教授的孫女，心思細膩，喜好詩詞，出口成章。和很多的女孩子一樣，害怕蟲子，愛美。

數學能力　對數學也十分感興趣，能夠發現許多男生發現不了的東西。

李沖沖

性格　人如其名，性格衝動，熱心腸，樂於助人，喜愛各種美食。

數學能力　善於提出各種各樣的問題，研學路上的開心果。

阿柳博士

數學能力　萬能博士，有許多神奇的發明，是三個孩子研學路上的引路人，能在孩子們解決不了問題時從天而降，給予他們幫助，是孩子們成長的堅實後盾。

序言

大人們一般是通過閱讀文字來學習的，而小孩子則不然，他們還不能把文字轉化成情境和畫面，投映在頭腦中進行理解。因此，小孩子的學習需要情境。這也是小孩子愛看圖畫書，愛玩角色扮演遊戲（如過家家），愛聽故事的原因。

漫畫書是由情境到文字書之間的一種過渡，它既有文字書的便利，又有過家家這類情境遊戲的親切，解決了小孩子難以將大段文字轉化為情境理解的困難。因此，它深受孩子們的喜歡也是必然的。

羅阿牛（羅朝述）老師是我多年的好朋友，我很佩服他對於數學教育的執着。多年來，他勤於思考，樂於研究，在數學教育領域努力耕耘。他研究數學教學，研究數學特長生的培養，思考數學教育與學生品格的培養，並通過培訓、講學、編寫書籍，實踐自己的理想。尤其可貴的是，他在教學中不是緊盯着分數，而是重視孩子們思維的訓練和品德的養成。

這套書是他多年研究成果的又一結晶，書中將兒童的學習特點和數學的思維結合在一起，讓數學的思想、方法可視可見，讓學習數學不再困難。

任景業
全國小學數學教材編委（北師大版）
分享式教育教學倡導者

目錄

1. 迷人的 π

嘩！阿柳博士，您這是要準備做甚麼呀？

今天是「π 日」，我打算烤一個世界上最奇特的「批」來慶祝，你們要不要來幫忙啊？
「π 日」是甚麼日子？

圓周率精確到小數點後兩位數的近似值是 3.14，所以把 3 月 14 日定為「π 日」。你們拿上這個配方，坐上時光機去幫我尋找一下原料和模具吧！
配料合成器？

沒問題！我們出發啦！

古埃及和我們製作世界上最奇特的「批」有甚麼關係嗎？

當然有了。在公元前 1650 年左右的《萊因德數學紙草書》中就記載了圓周率等於分數 $\frac{16}{9}$ 的平方，約等於 3.1605。

嘩！好厲害！

這是我給你們的原料，我們埃及產的小麥磨成的麪粉和自製的奶油。
沒想到古埃及居然有小麥和奶油。

別小看古人了。古埃及人是第二個學會製作奶油的，第一個是古印度人。古埃及緊靠着尼羅河，沿河種植着小麥和其他農作物，他們把小麥磨成麪粉做成麪包，當作主食。

古巴比倫
哈哈，可別忘了模具啊，小朋友們。

這是甚麼？
我們巴比倫的石匾上，清楚地刻着圓周率＝$\frac{25}{8}$＝3.125。

哈哈，這是複製同款「批」皮的模具！
這也太大了吧！

那不然怎麼做世界上最奇特的「批」呢！

麪粉、奶油和模具的問題解決了，下面就是餡料了。
配方上面說要去公元前 250 年古希臘數學家的住宅區。

古希臘數學家的住宅區
居然是由阿基米德先生來進行餡料配製。
這才證明這個「批」足夠特別呀。

這個蘋果的切面我已經用理論計算過了，非常接近圓。
這怎麼計算呢？
我利用圓的內接正多邊形和外切正多邊形，不斷增加內接正多邊形和外切正多邊形的邊，一直加到內接 96 邊形和外切 96 邊形為止。

這時，就得出圓周率的下界和上界分別為 $\frac{223}{71}$ 和 $\frac{22}{7}$，取它們的平均值 3.141851 為圓周率的近似值，就可以了。

π

最後由我來攪拌吧。
我攪拌出來的圓在很多年的時間裏可是最準確的，好評如潮。

沒有計算機，也沒有電腦，祖沖之先生您用了甚麼法寶？
法寶？哈哈，法寶當然就在我手上了。

小竹片！

其實就是運用劉徽先生的割圓術不斷進行反覆計算、實驗的結果。小數點後 7 位，3.1415926 就是由我計算出來的。
看來想要成為數學家，光有頭腦還不夠，還要有堅持不懈的毅力！

接下來就該把「批」放進焗爐了。但是這麼大的「批」，有能裝下它的焗爐嗎？
這可不用擔心，最後一步是由電腦來完成的。
用電腦烘烤前，「批」的烘烤都是我來負責的。

1948 年弗格森先生把 π 計算到了小數點的後 808 位，是人工計算 π 的小數點後位數最多的人！
哈哈，小意思了啦。

哼哼，要知道，雲端運算已經在 2022 年把 π 算到 100 萬億位後面了。
200°C

好了，認真工作吧。小心別烤糊了，這可是從古至今無數數學家的心血和成果呢。
是！保證完成任務！
200°C

哈哈！真香啊！我來加一點美味的彩針吧。
叮！出爐～

這位是布豐，他是使用投針法算出圓周率的近似值的哦。
取一根粗細均勻長為 2cm 的針，再在一張大紙上畫一組闊為 2cm 的平行線，然後隨機把針拋在紙上，針落下後要麼和這些平行線之一相交，要麼不相交。把相交次數記為 n，投針次數記為 m……

$\pi \approx \frac{n}{m}$。
完工。

π日
狂歡

這個音樂好特別呀，我感覺我從來都沒有聽到過呢。
我在電視上看到有人介紹過，這叫作《圓周率圓舞曲》，是用圓周率小數點後前 30 位數字對應的 do、re、mi、fa、so、la、ti、高音 do、高音 re 來創作的曲子。
圓周率還能用來編曲！
翩翩起舞

圓周率不光能用來編曲，還能用來畫畫呢！在設計師克里斯蒂安·瓦西和馬丁 2018 年的作品裏，圓周率上的每位數字被與其後面緊跟的一個數字通過各自在圓周上對應的顏色數段連起來，圓周率上前 10000 個數字通過這種關係被連起來之後，形成了一幅美麗的圖畫。
亞馬遜河又和 π 有甚麼關係呢？

河流彎曲河道的曲線長度和河道首尾直線距離之比通常都接近於 3.14 —— 也就是說，河道越是蜿蜒曲折，就越接近 3.14，亞馬遜河就是一個完美的例子。
亞馬遜河流

沒想到，π 居然這麼神奇！

3 月 14 日被國際數學協會定為「國際數學節」，也被稱為「π 日」。每年的這一天，一些國家的學生們會在 15 時 9 分 26 秒點上蠟燭，唱着「π」歌，慶祝這個重要的 π。
3 月 14 日還是物理學家愛因斯坦的生日，也是物理學家、數學家霍金去世的日子。
3.14 被稱為「阿基米德數」
3.1416 被稱為「劉徽數」
3.1415926 被稱為「祖沖之數」

2. 聰明的綿羊 ——
圓的面積計算

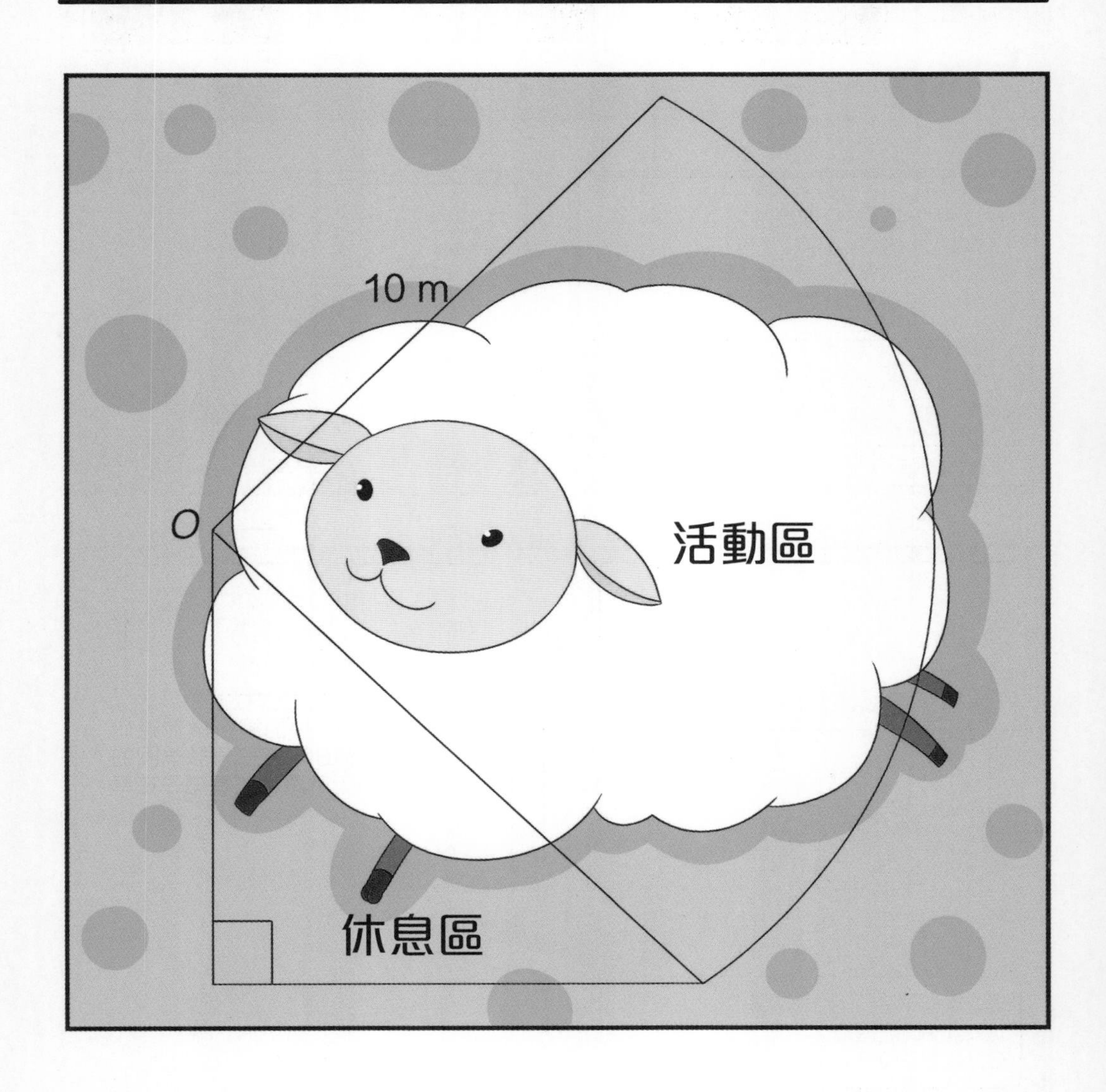

郊外的牧場裏出現了一隻會算面積的綿羊，來參觀這隻綿羊的人絡繹不絕，羅大頭三人也被阿柳博士帶着來見識見識這隻傳說中的綿羊。
這可不一定哦，萬一真是一隻高智商的綿羊呢？
牧場
我猜肯定是牧場主人搞出來的把戲，這綿羊能有我們三個厲害？

阿柳博士啊，你們終於來了！我快受不了了，那隻綿羊可太會折磨人了。
老朋友，你看起來好憔悴。

牠做甚麼了？

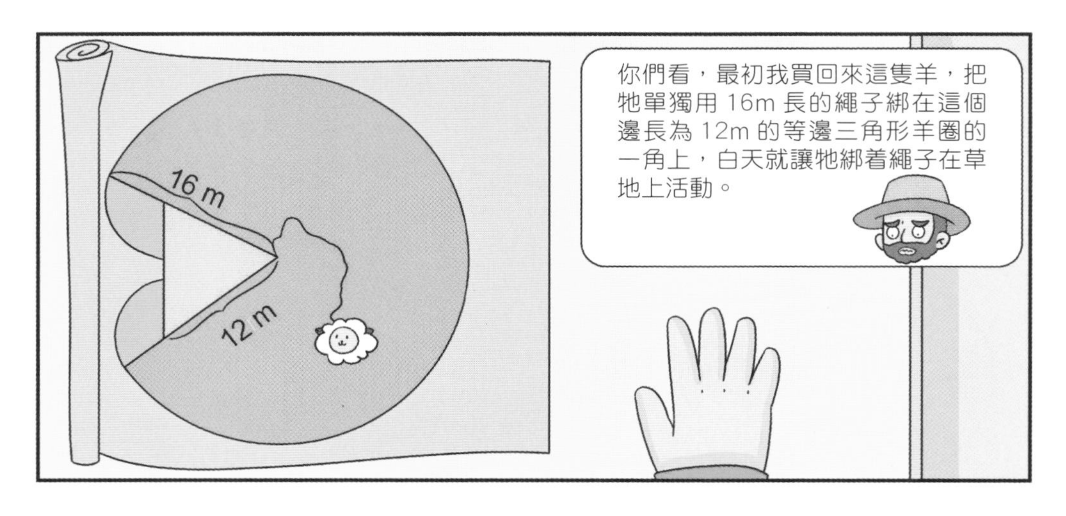
16 m
12 m
你們看，最初我買回來這隻羊，把牠單獨用 16m 長的繩子綁在這個邊長為 12m 的等邊三角形羊圈的一角上，白天就讓牠綁着繩子在草地上活動。

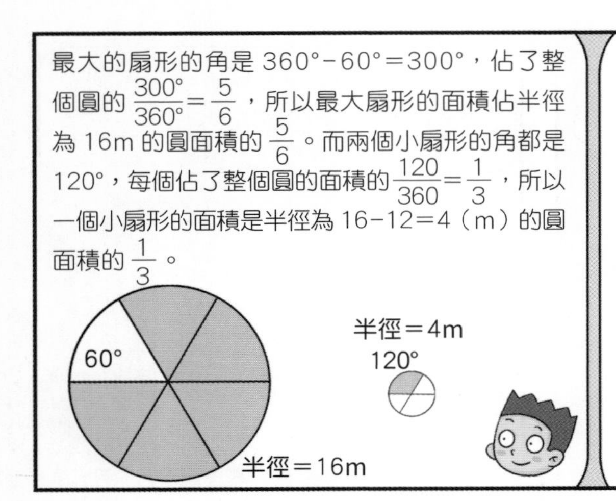

最大的扇形的角是 360°－60°＝300°，佔了整個圓的 $\frac{300°}{360°}=\frac{5}{6}$，所以最大扇形的面積佔半徑為 16m 的圓面積的 $\frac{5}{6}$。而兩個小扇形的角都是 120°，每個佔了整個圓的面積的 $\frac{120}{360}=\frac{1}{3}$，所以一個小扇形的面積是半徑為 16－12＝4（m）的圓面積的 $\frac{1}{3}$。

那麼大扇形的面積是：

$\frac{5}{6}\pi\times16^2=\frac{640}{3}\pi$（$m^2$）；

兩個小扇形的面積和就是：

$2\times\frac{1}{3}\pi\times4^2=\frac{32}{3}\pi$（$m^2$）；

加起來就得到這隻綿羊能活動的面積：

$\frac{640}{3}\pi+\frac{32}{3}\pi=224\pi$（$m^2$）。

為了方便計算，π 就取 3.14，綿羊可以活動的面積就是

$224\times3.14=703.36$（m^2）。

那隻綿羊也是這麼說的。一週前，我照例去正三角形羊圈餵牠，沒想到牠突然對我開口。
咩～我能活動的面積就是 224π m²，就把 π 取 3.14，就是 703.36m² 了！

後來這事不知道被誰傳出去了，來了一羣人想要看這隻會算面積的羊。

那我們能去看看這隻神奇的羊嗎？
嗯……也行。你們跟我來吧。這羊我是單獨關在一個羊圈裏的。

這裏好大啊！
主人！

主人！經過了一週的時間，我總算算出來了我能活動和休息的場地面積！是不是可以給我換新的場地了啊？

那你說說總面積有多大？
當然是 102.5m²了。主人，我沒說錯吧？

牠說的對嗎？
等我一下，我找找圖紙。

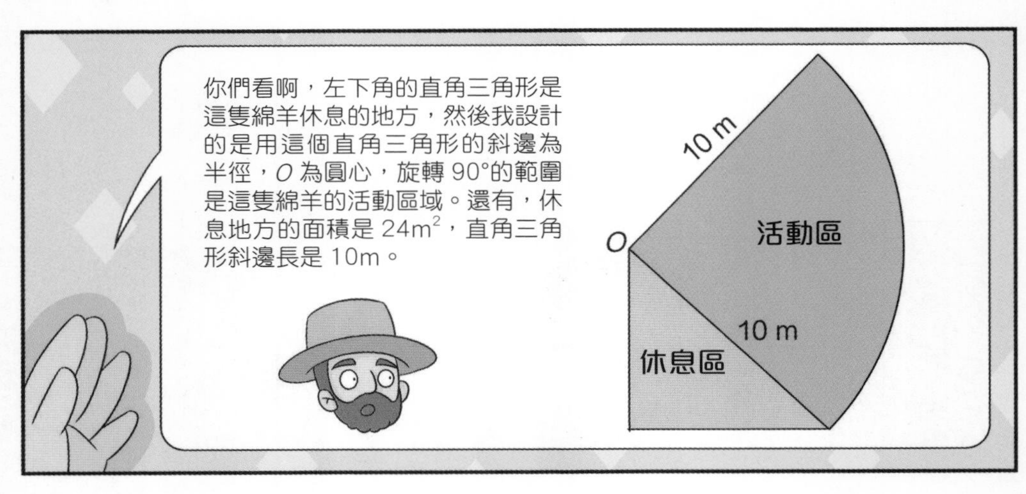
你們看啊，左下角的直角三角形是這隻綿羊休息的地方，然後我設計的是用這個直角三角形的斜邊為半徑，O 為圓心，旋轉 90°的範圍是這隻綿羊的活動區域。還有，休息地方的面積是 24m²，直角三角形斜邊長是 10m。
10 m
O
活動區
10 m
休息區

這能算出來嗎？不會是這羊胡亂猜的吧？
我才沒有胡亂猜！

我想想，這個羊圈的面積就是直角三角形的面積加上這個扇形的面積。
10 m

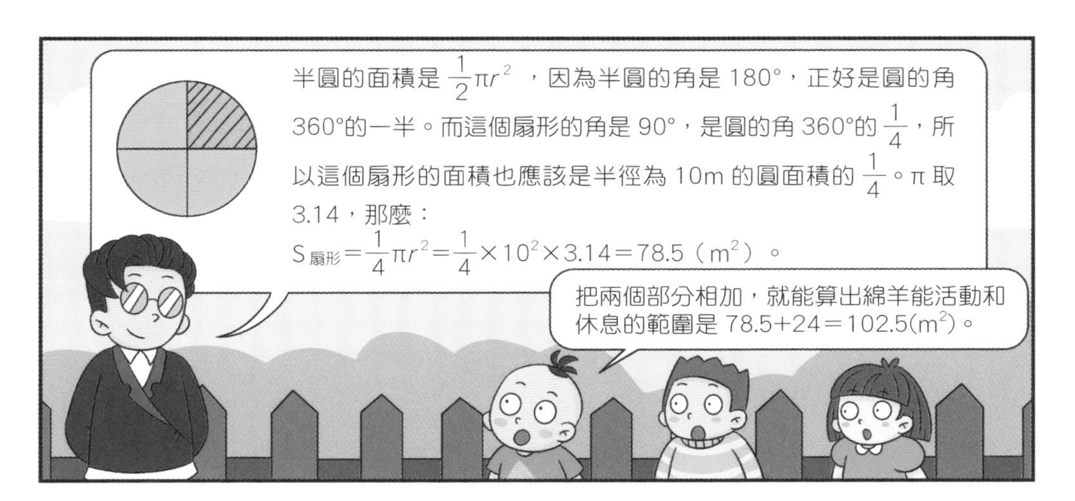
半圓的面積是 $\frac{1}{2}\pi r^2$ ，因為半圓的角是 180°，正好是圓的角 360°的一半。而這個扇形的角是 90°，是圓的角 360°的 $\frac{1}{4}$，所以這個扇形的面積也應該是半徑為 10m 的圓面積的 $\frac{1}{4}$。π 取 3.14，那麼：
$S_{扇形}=\frac{1}{4}\pi r^2=\frac{1}{4}\times10^2\times3.14=78.5$（$m^2$）。
把兩個部分相加，就能算出綿羊能活動和休息的範圍是 $78.5+24=102.5(m^2)$。

怎麼樣？我就說我算的沒錯吧！趕緊的，下一個羊圈還等着我的光臨呢！主人，你準備好了嗎？
在準備了！在準備了！

你有辦法讓這隻小綿羊安靜一會兒嗎？

有了，你這樣……
好。
他們在說甚麼呢？

阿柳博士，你和叔叔說甚麼呢？
過會兒你就知道了！

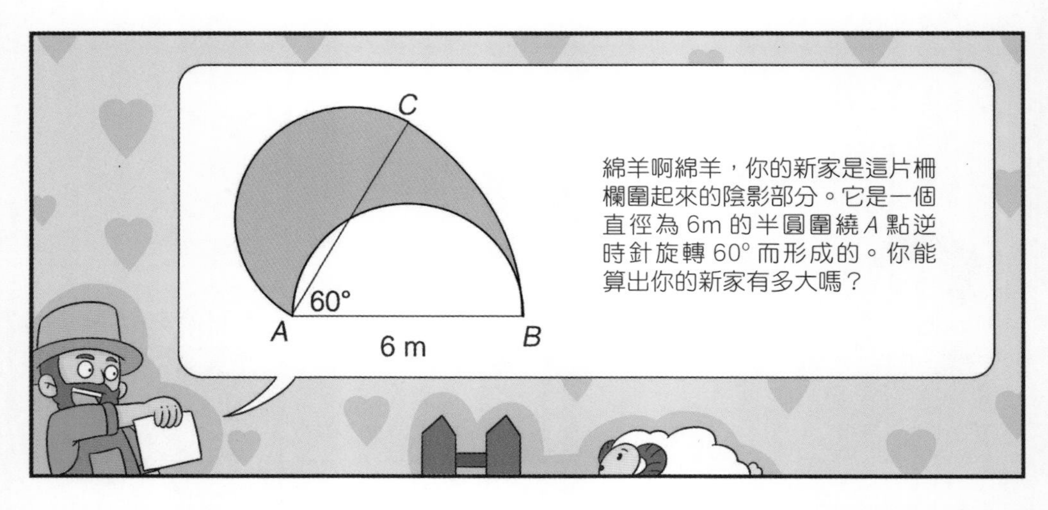
C
60°
A
B
6 m
綿羊啊綿羊，你的新家是這片柵欄圍起來的陰影部分。它是一個直徑為 6m 的半圓圍繞 A 點逆時針旋轉 60° 而形成的。你能算出你的新家有多大嗎？

給你一週的時間思考，要是想不出來，可就不給你換羊圈了啊！
這好像是兩個扇形，不對不對 …… 那是甚麼呢？好複雜啊。
等一下！阿柳博士，小綿羊的新家到底有多大啊？

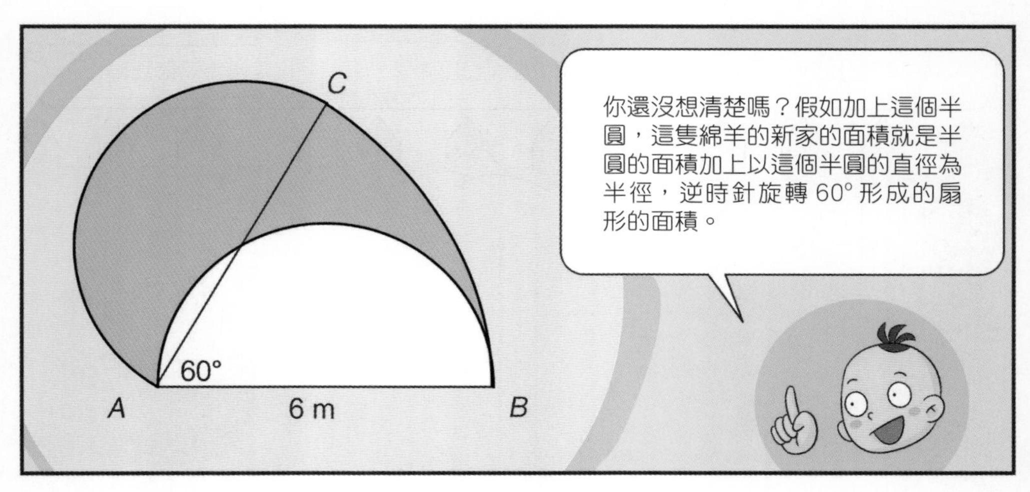
C
60°
A
6 m
B
你還沒想清楚嗎？假如加上這個半圓，這隻綿羊的新家的面積就是半圓的面積加上以這個半圓的直徑為半徑，逆時針旋轉 60° 形成的扇形的面積。

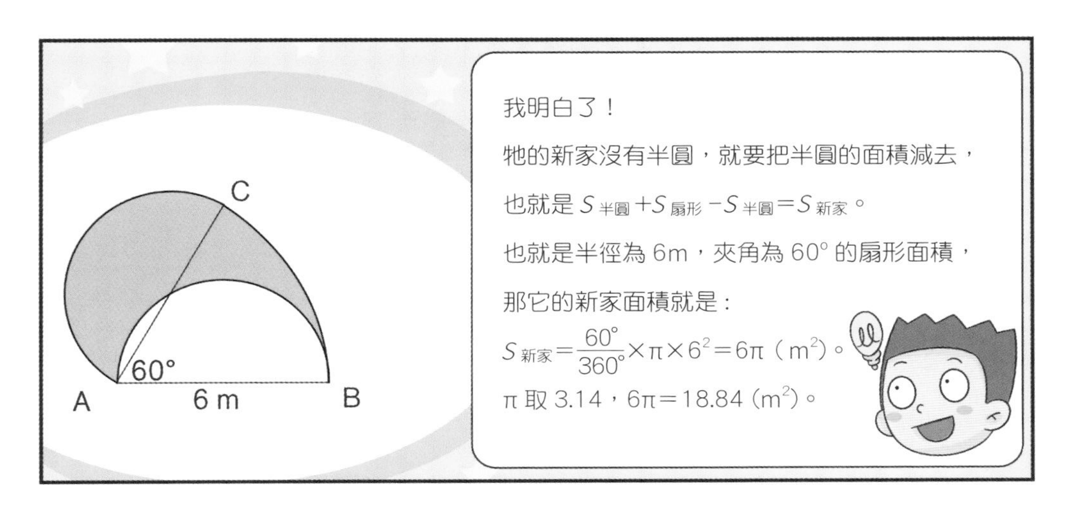
C
60°
A
6 m
B
我明白了！
牠的新家沒有半圓，就要把半圓的面積減去，
也就是 $S_{半圓}+S_{扇形}-S_{半圓}=S_{新家}$。
也就是半徑為 6m，夾角為 60° 的扇形面積，
那它的新家面積就是：
$S_{新家}=\frac{60°}{360°}\times\pi\times6^2=6\pi\ (m^2)$。
π 取 3.14，$6\pi=18.84\ (m^2)$。

李沖沖小朋友說的一點也沒錯。

太好了！我比那隻小綿羊聰明！
還真有人和羊比聰明。

至於那隻愛算羊圈面積的小羊有沒有算出新家面積呢？噓，小綿羊可聽不得這個！

3. 夜探天壇

天壇公園
如果我們沒有找錯地方的話，那應該就是這裏了。
這應該就是阿柳博士在地圖上標註的晚上集合的地方了吧？

小朋友們，你們終於來了啊！
李沖沖，這大半夜的，你別裝神弄鬼啊！
不是我啊！我沒有發出聲音。

那是誰啊？
我是小穀大人啊！

阿柳博士說他要晚點到，所以就讓我先和你們玩一會兒。

急甚麼啊，你們看好了。
那你快說玩甚麼遊戲啊？

看甚麼？

嘿嘿，這個遊戲就是，算我身體裏的紫色部分面積佔整個身體面積的百分比。

哦，原來就這樣啊！那還不簡單，我們有大將羅大頭，上！

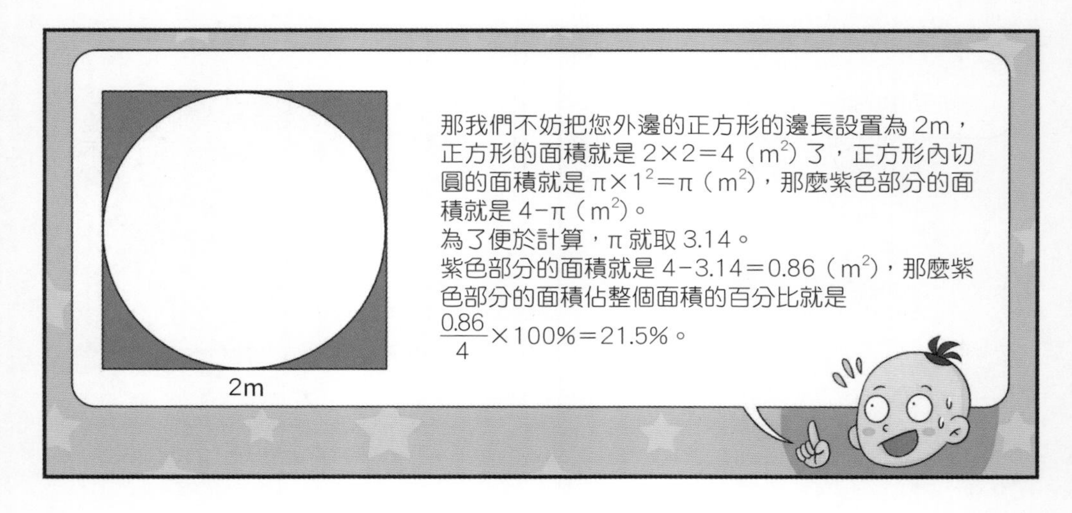
2m
那我們不妨把您外邊的正方形的邊長設置為 2m，正方形的面積就是 $2\times2=4$（m^2）了，正方形內切圓的面積就是 $\pi\times1^2=\pi$（m^2），那麼紫色部分的面積就是 $4-\pi$（m^2）。
為了便於計算，π 就取 3.14。
紫色部分的面積就是 $4-3.14=0.86$（m^2），那麼紫色部分的面積佔整個面積的百分比就是
$\frac{0.86}{4}\times100\%=21.5\%$。

不錯不錯！接下來是你們倆
了！看我變換形態！

到你了！你來說說現在我身體裏紫色
部分的面積佔正方形面積的多少呢？

紫色部分的面積還是佔您整個身體
面積的 21.5%，因為這個圖形可以
通過旋轉變成您最開始讓羅大頭算
的樣子！

答案是對了，但你知道怎樣旋
轉成那樣嗎？

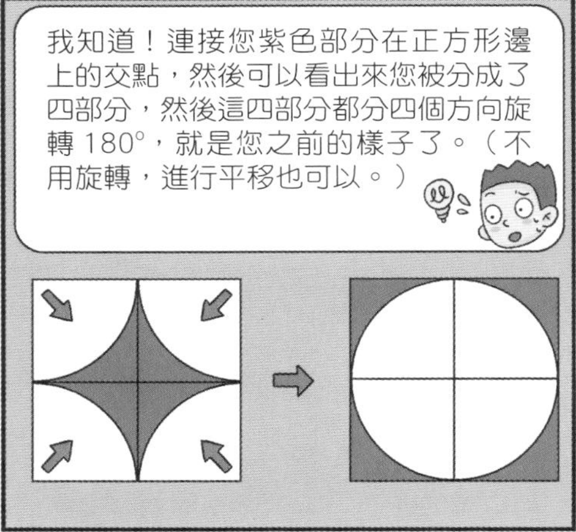
我知道！連接您紫色部分在正方形邊
上的交點，然後可以看出來您被分成了
四部分，然後這四部分都分四個方向旋
轉 180°，就是您之前的樣子了。（不
用旋轉，進行平移也可以。）

算你過關。接下來就是你了，小女孩。
看好了哦！來說說我身體裏紫色部分的
面積佔正方形面積的多少？

紫色部分的面積
佔您身體面積的
21.5%。您是通
過最開始的樣子
上下平移後變成
這個樣子的。

太好啦！我們完
成了遊戲！

孩子們，你們也高興得太早
了吧？遊戲還沒完哦。

都是 21.5%。

既然你們能這麼快說出答案，那麼難度升級！你們可看好了啊！
現在你們知道紫色部分佔我身體的多少嗎？

羅大頭，這可怎麼辦啊？
別慌，李沖沖，冷靜下來，好好觀察。

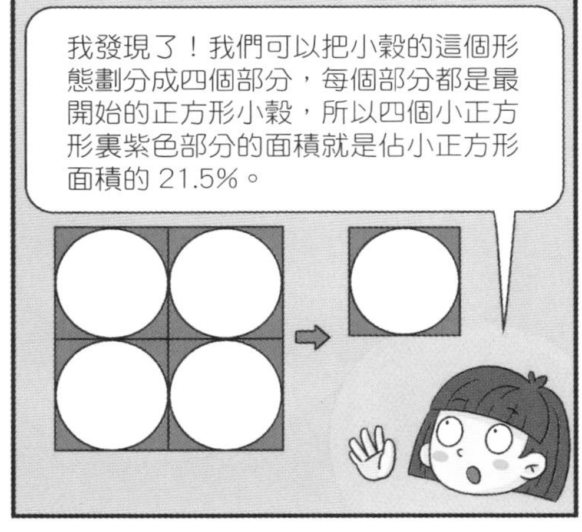
我發現了！我們可以把小穀的這個形態劃分成四個部分，每個部分都是最開始的正方形小穀，所以四個小正方形裏紫色部分的面積就是佔小正方形面積的 21.5%。

那麼可以這樣推導：
$\frac{S_{小紫色}}{S_{小正方形}}=\frac{S_{小紫色}\times 4}{S_{小正方形}\times 4}=\frac{S_{紫色}}{S_{正方形}}$
＝21.5%
小穀大人，我沒說錯吧？

你沒說錯。不過，接下來還有更複雜的模樣，看！
現在你們知道紫色部分佔整個身體的多少嗎？

還是 21.5%。可以把您這個樣子分成九個部分，每個部分都是原先的小正方形和內切圓的組合。

既然你們這麼厲害，那我決定再加大難度！看好了哦。

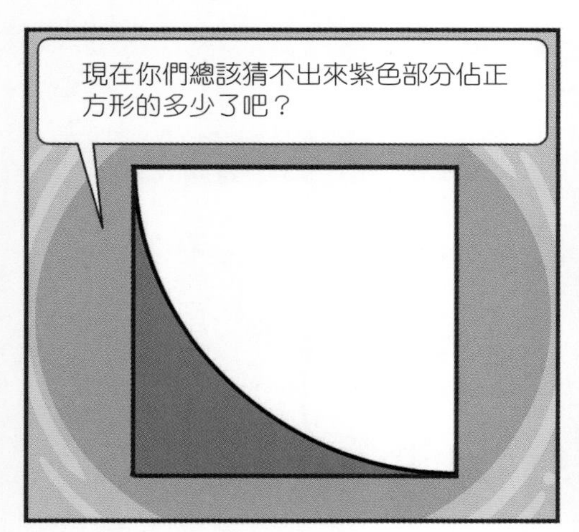
現在你們總該猜不出來紫色部分佔正方形的多少了吧？

你們看小穀大人的這個樣子，像不像是把它原來的樣子切了 $\frac{1}{4}$ 個下來？
好像有點像，但是能想辦法補齊嗎？

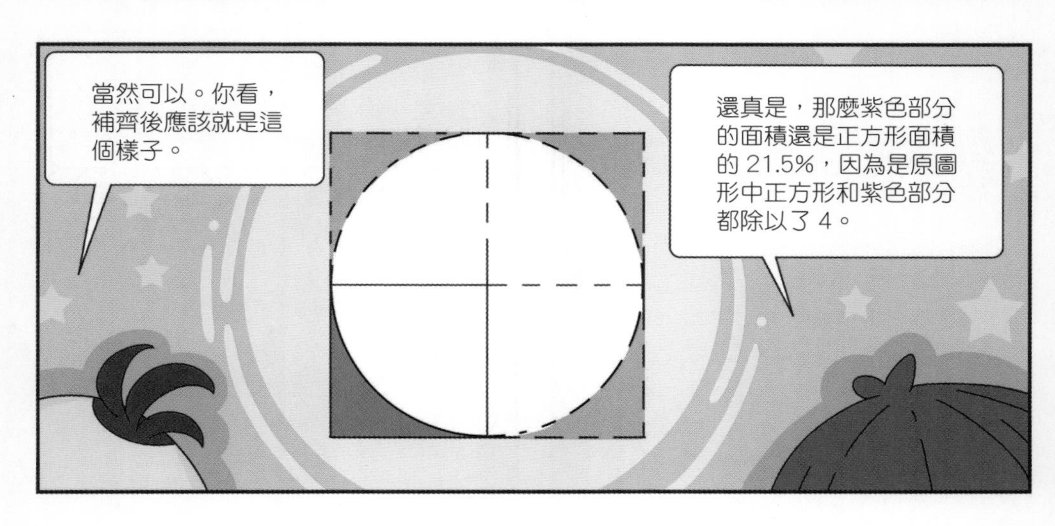
當然可以。你看，補齊後應該就是這個樣子。
還真是，那麼紫色部分的面積還是正方形面積的 21.5%，因為是原圖形中正方形和紫色部分都除以了 4。

看我繼續變！還能猜出來嗎？

依然是 21.5%。這是原正方形的一半，把它補齊就是這樣。

那這個呢？

這個也是 21.5%。這是把原正方形切成了 8 份，取了其中一份的樣子。

小穀大人，我發現了您變化的規律，就是無論怎樣變化，都是在最開始的圖形的基礎上，同時增加或者減少，所以您身體紫色部分的面積總是佔身體的 21.5%。

不行！我還能再變，這次我給你們具體的數值，要說出我身體裏紫色部分的面積。看好了啊！

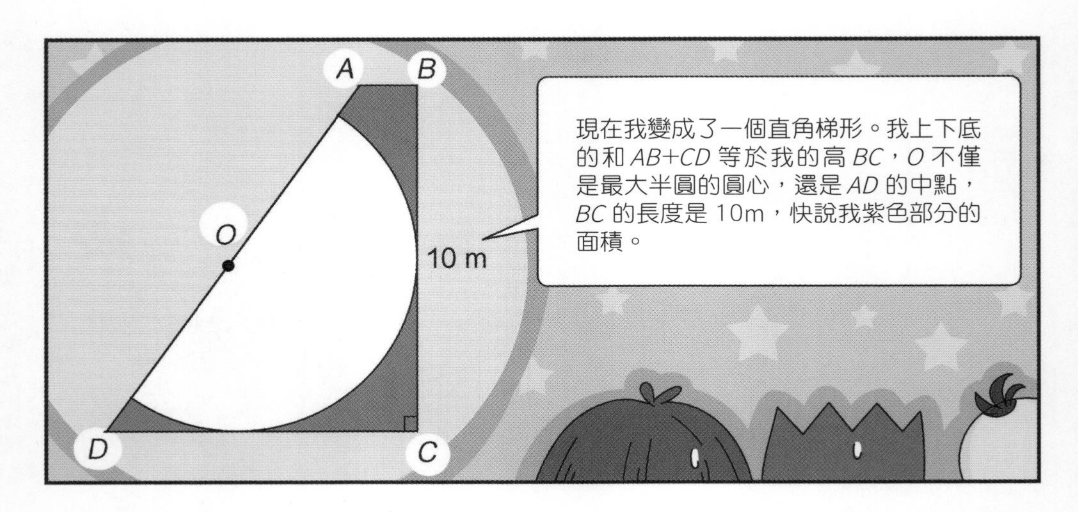

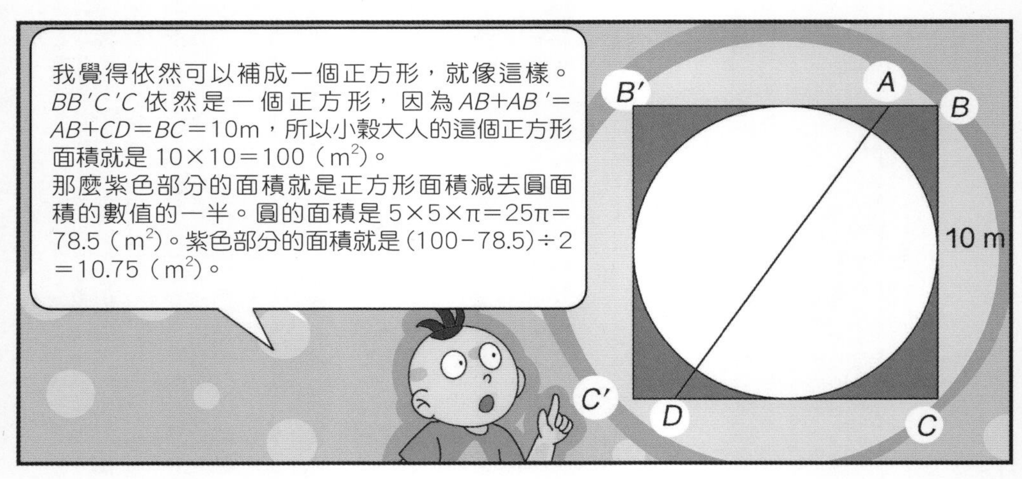

補齊後的紫色部分是剛推出結論時紫色部分面積的一半，所以現在紫色部分的面積就是正方形面積的 21.5% 的一半，也就是 $21.5\%\div2=10.75\%$。正方形的面積是 $100m^2$，紫色部分的面積就是 $100\times10.75\%=10.75$（m^2）。

你們知道得太多了！我還要繼續加大難度。
不要啊！阿柳博士救命啊！我們不想算了！
好了，好了。穀神大人，你的考驗也差不多了吧！

穀神大人？和我們玩了這麼久的方中圓是穀神？

為甚麼穀神大人是方中圓的樣子啊？
是啊，這裏是天壇，始建於明永樂年間，是明、清兩代帝王「祭天」和「祈穀」的場所，穀神就是這裏祭祀的神之一。

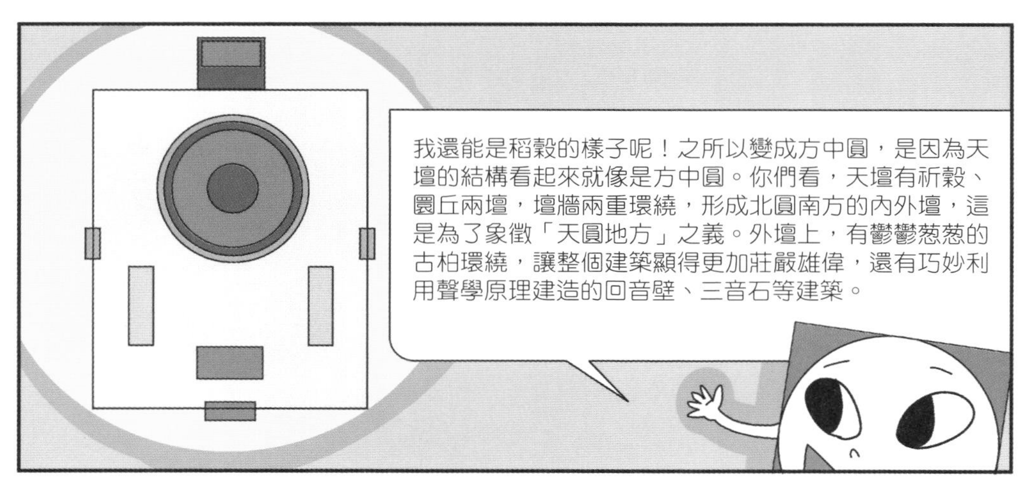
我還能是稻穀的樣子呢！之所以變成方中圓，是因為天壇的結構看起來就像是方中圓。你們看，天壇有祈穀、圜丘兩壇，壇牆兩重環繞，形成北圓南方的內外壇，這是為了象徵「天圓地方」之義。外壇上，有鬱鬱葱葱的古柏環繞，讓整個建築顯得更加莊嚴雄偉，還有巧妙利用聲學原理建造的回音壁、三音石等建築。

穀神大人說得對，而且，天壇是我國保存下來的最大的祭壇建築羣。不過，說起祭祀和方中圓，還有個東西就不得不提了。那就是玉琮，我國古代用於祭祀土地的玉器。你們看它的樣子，是不是和穀神大人之前變成的模樣差不多？
原來你之前是變成了玉琮的樣子啊。

在古代啊，有着玉璧禮天、玉琮禮地的禮制，而大地又和我穀神密不可分，所以剛才我乾脆變得像玉琮一樣了。

還為了讓你們了解方中圓啊，這就是我讓你們來這裏集合的原因。
啊！阿柳博士好壞啊！

接下來，就讓我和穀神一起來為你們說說它的好朋友 —— 錢神的形狀，圓中方吧！

4. 當你遭遇扔臭鞋——間接測算法

那不是真的！我們是在
看電影！

國外某大學演講
真有身臨其境的感覺啊，
差點就上去握手了。

那是甚麼人？

小心！

這種卑鄙伎倆影響不了我繼續演講……
說得好！

各位先生、各位女士，如果你被扔臭鞋，你會怎麼做？
我會撿起那隻鞋子，對在場所有人說這隻鞋的品質不錯。

說得好！

各位同學，如果你被扔臭鞋，你會怎麼做呢？
撿起來扔回去！
缺少氣度了，這不是會引起爭執嗎？

把我的襪子脫下來，塞進去，塞住臭味。
待會兒你就在全世界面前露出你的腳？

我去撿起鞋子，自己穿上。
那不成了給自己穿小鞋嗎？不符合我們的文化。

我會拿來一個盒子，把這隻鞋子裝起來，就成了盒鞋，我們要和諧！
回答得太好啦！
啪啪啪啪

那換成阿柳博士你自己，會怎麼做呢？
我是數學老師，當然就會問：「您是不是想求這隻鞋子的底面積？」

鞋子怎麼算底面積？這可是不規則圖形啊。

不規則圖形終究還是圖形嘛。既然是圖形，那還是可以用最簡單的方法來計算。比如，把鞋底印在方格紙上數格子。
小心我的臭腳。

這樣直接數格子就好了。不滿 1 格的按照半格計算，滿了 1 格的按照 1 格計算，這樣就可以大致算出來鞋底的面積是 38 格啦！

我感覺其實是 40 格呢……
因為這是估算法，所以有一定的誤差是正常的。

有沒有更準確的算法呢？
辦法當然有了。

嘩！我們到麥田裏啦！

農民數學家于振善
老師用類似曹沖稱
象的辦法解決了這
類問題。

于老師在一塊面積為 1m 的正方形上
均勻地噴上一層粉末，然後在鞋底模型
上也均勻噴上一層同樣的粉末。

2 KG
0.01 KG
假如稱重分別為 2kg 和 0.05kg。設鞋底
面積為 xm²，就可以列出一個一元一次方
程 1：x =2：0.05……

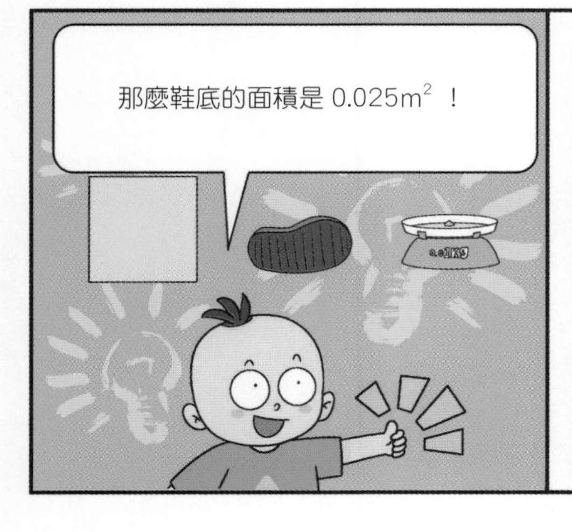
那麼鞋底的面積是 0.025m² ！

既然我們都能求出
鞋底面積，那鞋子
的容積怎麼算呢？

辦法自然是有的。

剛剛的麥子味道太香了，肚子都聞餓了。
咕
咕

我們就在大自然裏野炊吧！

這就是我們裝米的容器。

啊！！！

哈哈哈，放心，這是我在廚具市場買到的趣味容器。

啊，嚇死我了。
這個容器沒有刻度，我們怎麼知道一次大概舀了多少米呢？少了不夠吃，多了又會浪費。

我有一把尺子。
我有一個直徑為 12cm 的桶。

我們用間接測量法！

不要！用錯鞋啦！
米

嘿嘿，差點用了自己的鞋了。

一隻鞋子裝的
米倒入桶中有
8cm 高。

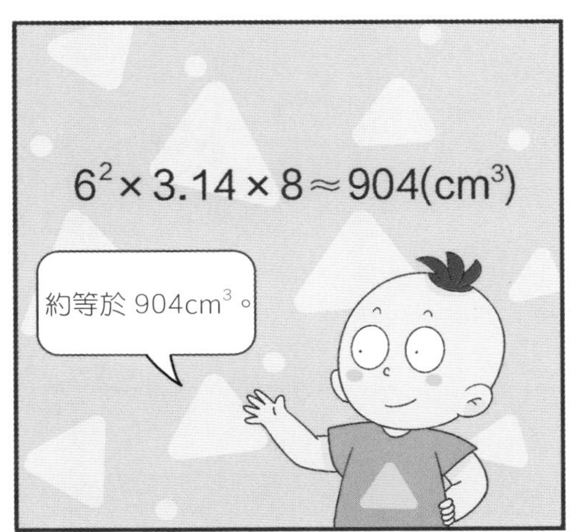
$6^2 \times 3.14 \times 8 \approx 904(cm^3)$
約等於 $904cm^3$。

算得不錯！看我給你們拿來了
甚麼？
POP
POP

是爆谷！

爆谷和電影
更配哦！

5. 羅大頭的三國之旅——百分數（1）

不知丞相此戰有
幾成勝算？
八成。

八成是多
少啊？
八成，就是
80% 啊。

這樣說來，四成就是 40%，九成就
是 90%，十成就是 100% 啦。百分
數是怎麼來的呢？

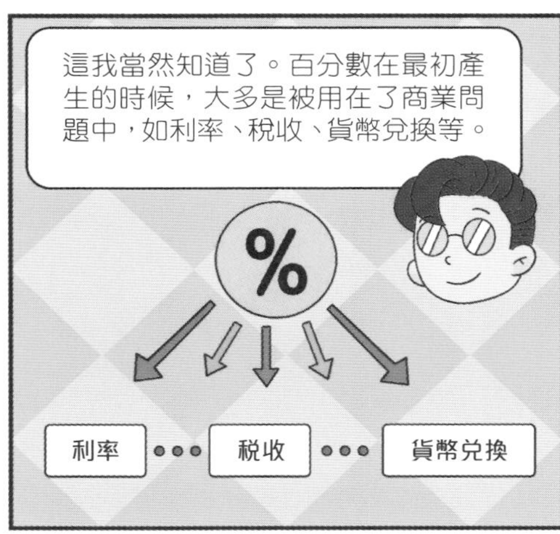
這我當然知道了。百分數在最初產
生的時候，大多是被用在了商業問
題中，如利率、稅收、貨幣兌換等。
%
利率
稅收
貨幣兌換

百分數表示比較量與標準量之間的比，通常
標準量看作 100 份。百分數並不表示一個
具體量，所以它不能帶單位，這也是百分數
被叫作百分率和百分比的原因。
怪不得上次我說我吃了
50% 的冰淇淋，我媽就
反駁我。

前幾日，我的幾副圍棋被我的小兒子打亂了。他將棋子分成了若干堆，然後告訴我，每堆的棋子數量都是一樣的，每堆中白子佔二成八；他又從其中一堆中拿走了一半的棋子，當然這一半都是黑子，接着他說，現在剩下的棋子中白子佔了三成二。最後他問我，知不知道他分了幾堆棋子出來。玄德兄，我愚鈍啊，不知玄德兄能否為我解答疑惑？

我知道！我知道！

這個小孩子知道，那你就說一說。

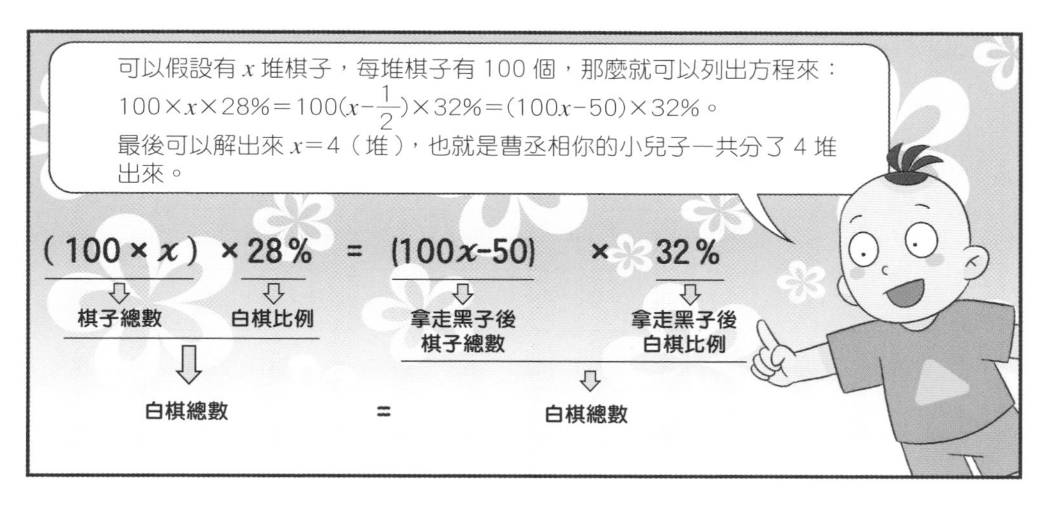
可以假設有 x 堆棋子，每堆棋子有 100 個，那麼就可以列出方程來：
$100\times x\times 28\%=100(x-\frac{1}{2})\times 32\%=(100x-50)\times 32\%$。
最後可以解出來 $x=4$（堆），也就是曹丞相你的小兒子一共分了 4 堆出來。
$(100\times x)\times 28\% = (100x-50) \times 32\%$
棋子總數
白棋比例
拿走黑子後棋子總數
拿走黑子後白棋比例
白棋總數 = 白棋總數

這小孩子說了一堆我聽不懂的，但最後確實把我兒子分的棋子堆數說了出來。小孩子，你還有別的我和玄德兄聽得懂的方法嗎？

有啊，我還可以抓住白子的數量不變來幫你解決問題。
怎麼抓住白子數量不變呢？

在丞相小兒子拿出黑子前，白子和黑子的數量比是 28%：72%＝7：18；
在丞相小兒子拿出黑子後，白子和黑子的數量比是 32%：68%＝8：17。
那麼我就能畫出表格：

	白子	黑子
原來	7	18
現在	8	17

抓住白子數量不變，把表格中白子的份數變成一樣的。
就是這樣：

	白子	黑子
原來	7×8＝56	18×8＝144
現在	8×7＝56	17×7＝119

現在就能知道分的堆數就是：
$\frac{1}{2}\times(56+144)\div(144-119)=4$（堆）。

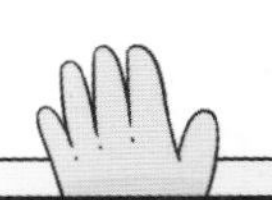

之前每堆中白子佔 28%，白子也佔總棋子數量的 28%，只拿出了黑子，
說明白子數量還是不變。
所以原來的棋子數量 ×28%＝現在棋子數量 ×32%，所以：
$\frac{\text{現在的棋子數量}}{\text{原來的棋子數量}}=\frac{28\%}{32\%}=\frac{7}{8}$，
那麼分成的堆數就是 $\frac{1}{2}\div\left(1-\frac{7}{8}\right)=4$（堆）。

孩子們不懂事，打擾兩位先生的雅興了。
還有……

這個孩子真是後生可畏啊！
後生可畏，後生可畏。

這個問題解決了，我還有個問題請教玄德兄。敢問當今世上，誰稱得上是英雄啊？

我認為，袁紹可以稱為英雄。
搖頭

當今天下稱得上英雄的，也只有你我二人了！
轟！

打雷了！

哈哈，連打個雷都害怕，怎麼稱得上英雄呢！

原來近距離看歷史事件，是這樣的感覺啊。

這裏看完了，我們趕緊去吳國看看赤壁吧！

孫劉聯姻
孫權
能否找兩個花瓶來？這是玄德不遠萬里採摘來，獻給令妹的芙蓉花。
劉備
士兵們，拿兩個花瓶來。

仲謀兄請看，第一瓶裏我放進了 350 朵紅芙蓉花和 500 朵黃芙蓉花，第二瓶裏我放進了 400 朵紅芙蓉花和 100 朵黃芙蓉花。
①
②
X350
X500
X400
X100

玄德兄，這是何意？

仲謀兄，我想請你再分配一下，讓這第一瓶中紅芙蓉花佔五成，第二瓶中紅芙蓉花佔七成五。敢問仲謀兄可有辦法？

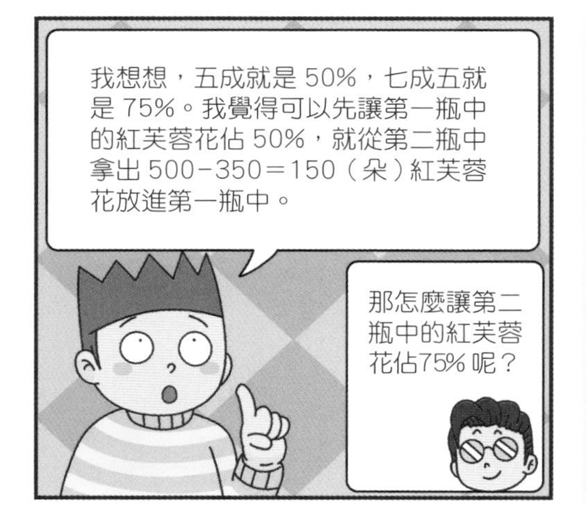
我想想，五成就是 50%，七成五就是 75%。我覺得可以先讓第一瓶中的紅芙蓉花佔 50%，就從第二瓶中拿出 500－350＝150（朵）紅芙蓉花放進第一瓶中。
那怎麼讓第二瓶中的紅芙蓉花佔75% 呢？

可以從第二瓶中再取相同數量的紅、黃芙蓉花放進第一瓶中。

假設同樣取出 a 朵紅黃芙蓉花，那麼剩下的紅芙蓉花就是（250－a）朵，剩下的黃芙蓉花就是（100－a）朵。要讓紅芙蓉花佔第二瓶的 75%，則：
第二瓶紅芙蓉花數量：黃芙蓉花數量＝3：1，

列出比例式就是 $\frac{(250-a)}{(100-a)}=\frac{3}{1}$，

解出比例式的答案就是 $a=25$(朵)。
加上最開始拿出的 150 朵紅芙蓉花，那麼從第二瓶中拿出 175 朵紅芙蓉花和 25 朵黃芙蓉花，就能讓第一瓶的紅芙蓉花佔五成，第二瓶的紅芙蓉花佔七成五。

$$\frac{紅}{黃}=\frac{(250-a)}{(100-a)}=\frac{3}{1}$$

設：從第二瓶中拿出 x 朵黃芙蓉花放入第一瓶，
　　拿出 $x+150$ 朵紅芙蓉花放入第一瓶。

則：第一瓶的紅、黃芙蓉花都是 $500+x$ 朵，
　　第二瓶中剩下的紅芙蓉花有 $250-x$ 朵，黃芙蓉花有 $100-x$ 朵。

由題意列方程：$\frac{250-x}{100-x}=\frac{3}{1}$，

解得：$x=25$(朵)。

這麼說來，從第二瓶拿出來 175 朵紅芙蓉花、25 朵黃芙蓉花放入第一瓶中就可以了。

好像沒有人解答出來。
一片寂靜

偌大一個江東，竟無人解出。

枉費備千里迢迢來娶親，結果還被仲謀兄困在了大殿之上。若想殺備，直說便行，何必用刀斧手圍攻？

好你個劉備，我今天就要……

等等！哥哥。

劉備乃是天下英雄，尚香願意嫁與劉備為妻。
甚麼？！

原來這就是賠了夫人又折兵。

赤壁借東風
快看，是諸葛亮要借東風了嗎？
確實是，看來我們來得正是時候。

孔明先生，我們真的能借到東風嗎？

去那邊拿三個罐子過來。

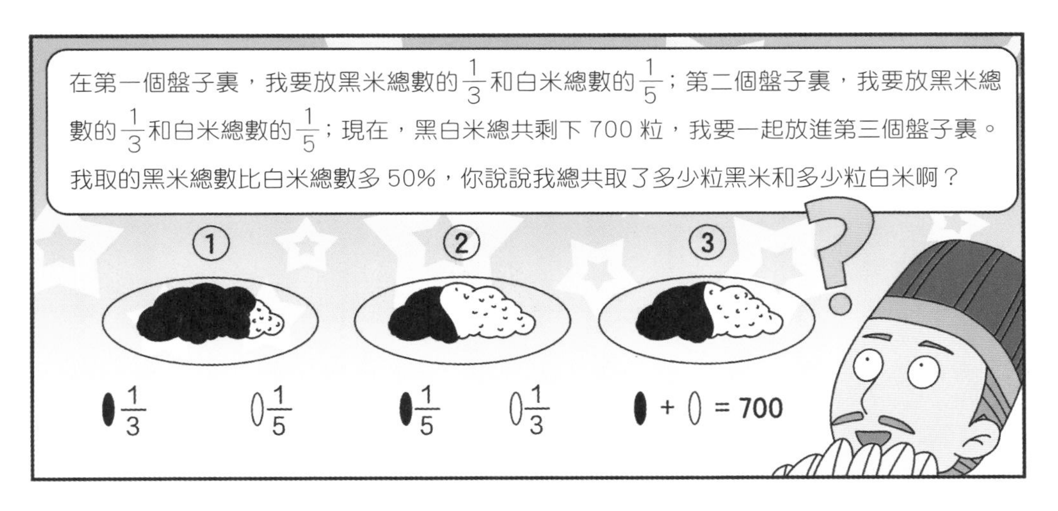

李沖沖說得不錯。放入前兩個盤子中的黑米佔總數的 $\frac{1}{3}+\frac{1}{5}$，白米也有這麼多，意思就是在前兩個盤子中共放入了所有米的 $\frac{1}{3}+\frac{1}{5}$。那麼諸葛亮取的黑白米的總數就是 $700\div(1-\frac{1}{3}-\frac{1}{5})=1500$（粒）。

那麼黑米就該有：
$1500\times\frac{3}{3+2}=900$（粒）。
白米就有：
$1500\times\frac{2}{3+2}=600$（粒）。

孔明先生，我知道了，你取了900 粒黑米和 600 粒白米。

好！時辰到了！借東風！

赤壁的水面上，火光染紅了天。小朋友們在驚歎聲中，見證了曹軍的大敗。

乘着時光機，眾人返回了阿柳博士的實驗室。
這次三國之行，都學到了點甚麼東西吧？
真實的歷史比電視裏的好看多了！
百分數可真方便啊。
原來我們的祖先很早就在使用百分數的概念了。

6.「小藥師」獻藥——百分數（2）

阿柳博士！

怎麼了？
我們的國王變得焦慮失眠，暴躁易怒，還神情恍惚，成天希望長生不老，心情不好就要懲治大臣，嗚嗚嗚……

這麼嚴重？我們趕緊去幫幫他吧！
且慢，我覺得像是心病。

你們扮成藥師，到時候見機行事。這些藥可以治療他的重病，至於長生不老的辦法嘛……

你們這羣廢物！要是再找不到治療我重病和讓我長生不老的辦法，我就把你們通通發配到邊疆！

國王陛下，我從未來世界找來了三個小藥師。
他們還有長生不老之藥。您看先讓誰給您看看？
未來世界？
我先來吧！
加油！

我叫李藥師。嗯……從國王陛下的脈象來看，病得很重啊。

李藥師有醫治我重病的辦法嗎？
有，陛下稍等。

這是我在未來世界採集百花露珠，熬製了八八六十四天釀造而成的祕藥。

李藥師，你快給我喝一口吧！
請您試試。

咦？這藥好甜啊！
還有嗎？
有倒是有，但還需將這 500 克濃度 10% 的祕藥變成濃度 8% 的祕藥，只要國王賞一些露水便可。
王后今早剛好收了些露水，我這就去取。但是需要多少呢？

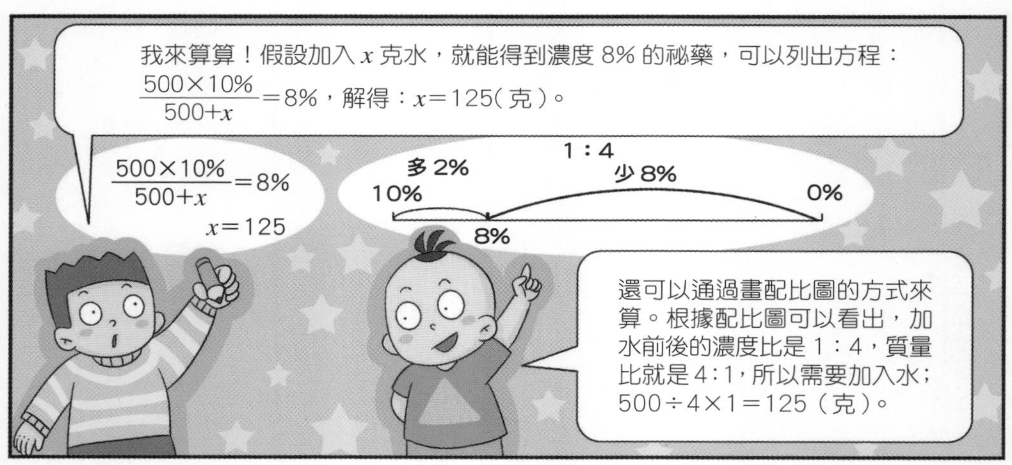
我來算算！假設加入 x 克水，就能得到濃度 8% 的祕藥，可以列出方程：$\frac{500\times10\%}{500+x}=8\%$，解得：$x=125$(克)。
$\frac{500\times10\%}{500+x}=8\%$
$x=125$
1：4
多 2%
少 8%
10%
0%
8%
還可以通過畫配比圖的方式來算。根據配比圖可以看出，加水前後的濃度比是 1：4，質量比就是 4:1，所以需要加入水；500÷4×1＝125（克）。

這是調配好的藥水，請陛下飲用。

哈！現在感覺好多了！

那位女藥師，你有甚麼好藥
獻給我？
我叫朱栗，我得先給
您面診。

朱小藥師，我的病症怎麼樣？
可有辦法醫治？

有的，陛下。這是我在未來世界採集
的，由生長在藤蔓上的紫紅色水果釀
製而成的兩瓶祕藥。喝下它們，您的
病就能緩解。

拿來吧！我現在就要喝。
且慢，陛下！

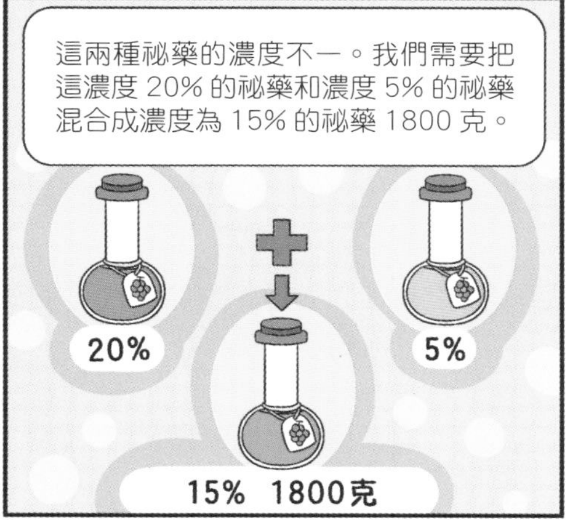
這兩種祕藥的濃度不一。我們需要把
這濃度 20% 的祕藥和濃度 5% 的祕藥
混合成濃度為 15% 的祕藥 1800 克。
20%
5%
15% 1800克

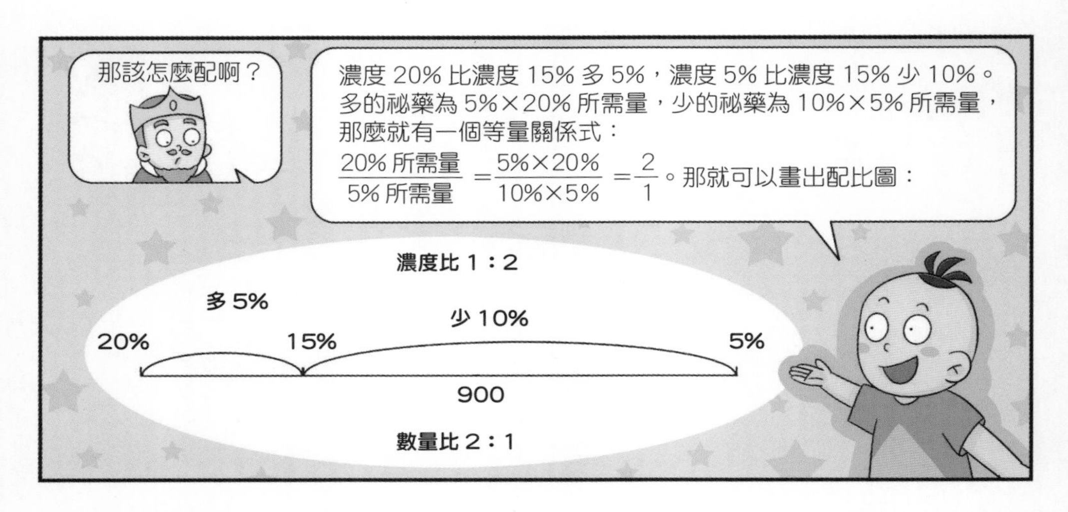
那該怎麼配啊？
濃度 20% 比濃度 15% 多 5%，濃度 5% 比濃度 15% 少 10%。多的祕藥為 5%×20% 所需量，少的祕藥為 10%×5% 所需量，那麼就有一個等量關係式：
$\frac{20\%\text{所需量}}{5\%\text{所需量}}=\frac{5\%\times20\%}{10\%\times5\%}=\frac{2}{1}$。那就可以畫出配比圖：
濃度比 1：2
多 5%
少 10%
20%
15%
5%
900
數量比 2：1

需要濃度 20% 的祕藥：
$1800\times\frac{2}{2+1}=1200$(克)。
需要濃度 5% 的祕藥：
$1800\times\frac{1}{2+1}=600$(克)。

這口感，不愧是來自未來的祕藥。

剛剛聽說你們還有長生不老的藥方？拿來我看看。
是！

清水
左邊裝的是我用蒲公英釀造的長生茶，右邊是一杯清水。

呸呸呸！甚麼藥這麼苦？
這吸收了日月精華的蒲公英茶從濃度36%稀釋到了30%，確實還有些苦。

繼續稀釋到 24% 試試，是第一次加水的多少倍呢？
你不會在問我吧？

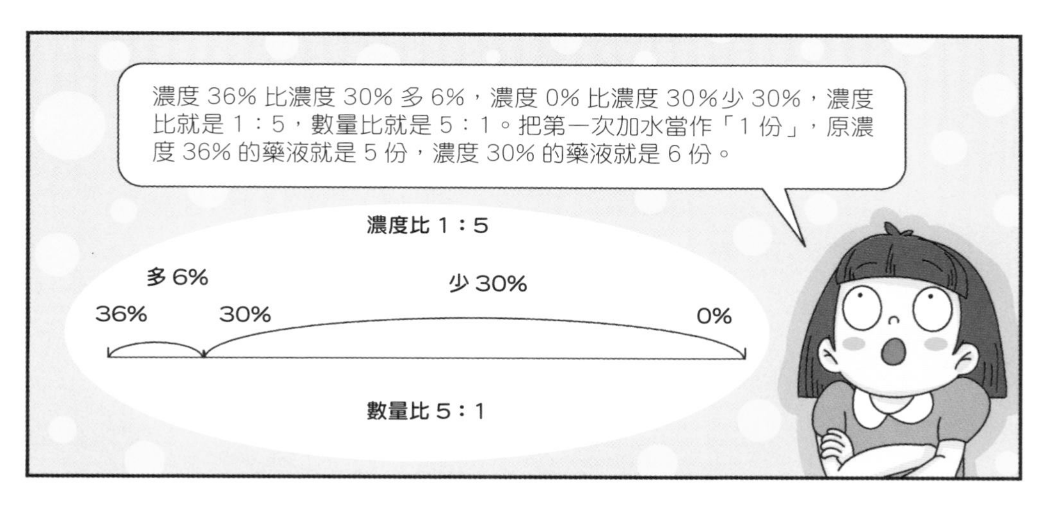
濃度 36% 比濃度 30% 多 6%，濃度 0% 比濃度 30% 少 30%，濃度比就是 1：5，數量比就是 5：1。把第一次加水當作「1 份」，原濃度 36% 的藥液就是 5 份，濃度 30% 的藥液就是 6 份。
濃度比 1：5
多 6%
少 30%
36%
30%
0%
數量比 5：1

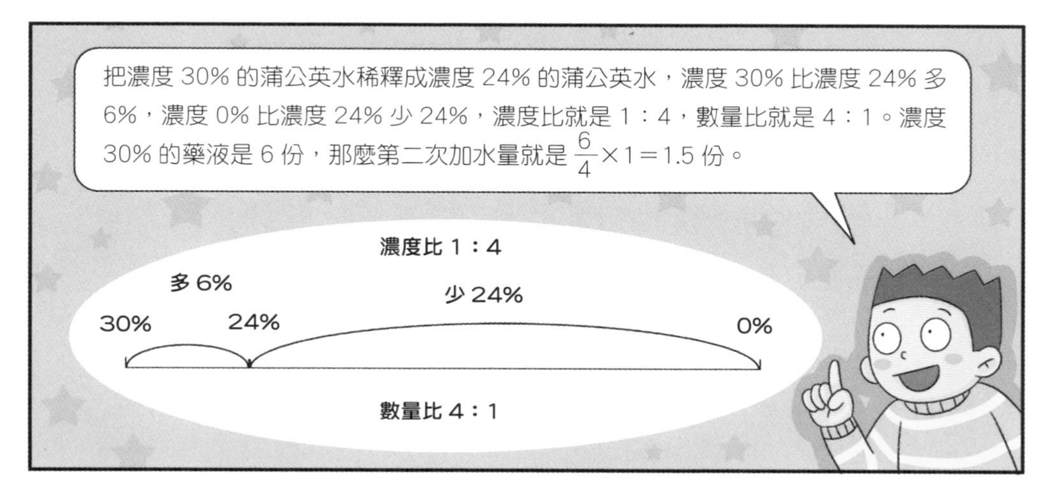
把濃度 30% 的蒲公英水稀釋成濃度 24% 的蒲公英水，濃度 30% 比濃度 24% 多 6%，濃度 0% 比濃度 24% 少 24%，濃度比就是 1：4，數量比就是 4：1。濃度 30% 的藥液是 6 份，那麼第二次加水量就是 $\frac{6}{4}\times 1=1.5$ 份。
濃度比 1：4
多 6%
少 24%
30%
24%
0%
數量比 4：1

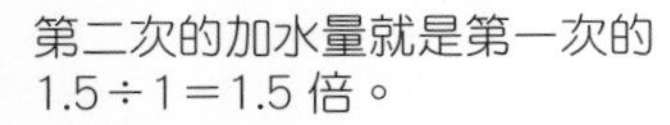
第二次的加水量就是第一次的 1.5÷1＝1.5 倍。

還可以假設濃度 36% 的蒲公英水有 1000 克，那麼蒲公英水中神祕物質就有 1000×36%＝360（克）。當蒲公英水濃度變成 30% 時，此時它的質量就是 360÷30%＝1200（克），也就是第一次加入了 1200－1000＝200（克）水。
1000×36%=360(克)
360÷30%=1200(克)
1200-1000=200(克)

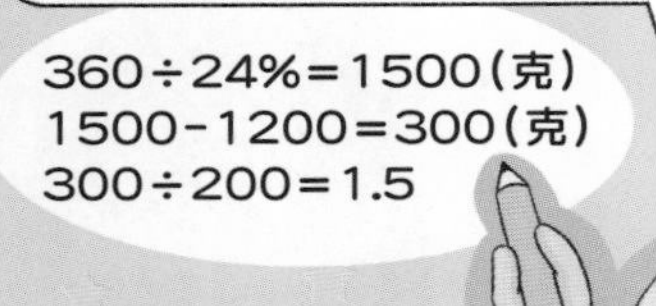
當蒲公英水濃度變成 24% 時，此時它的質量就是 360÷24%＝1500（克），也就是第二次加入 1500－1200＝300（克）水。第二次加入水的量就是第一次的 300÷200＝1.5 倍。
360÷24%=1500(克)
1500-1200=300(克)
300÷200=1.5

真是苦啊！不過喝完後，感覺舒服多了。羅藥師的藥果真有效果啊！
蜂蜜水可以安撫焦慮、促進睡眠；葡萄汁可以讓人心情愉悅；蒲公英茶味苦，但是可以清火。

恭喜國王，獲得長生不老的祕藥！
今晚宮中大擺宴席，我要好好犒勞這三位小藥師。

我們用些蜂蜜、果汁和蒲公英水就蹭了頓宮廷晚宴！

7. 財富管理模擬器——形形色色的利率

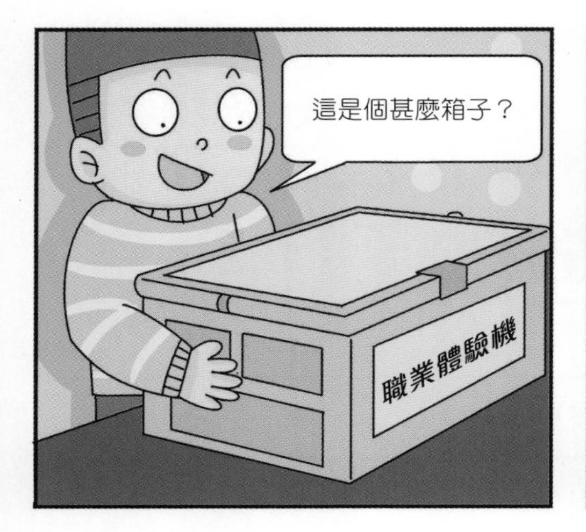
這是個甚麼箱子？
職業體驗機

甚麼東西這
麼亮？！

我是老闆哦，
我應該會很有
錢吧？
老闆
作家
明星
想不到我現在成
了位明星呢！

甚麼東西掉下
來了？

我是你們的經紀人！你們可以叫我
「模擬器先生」，你們的所有金錢交
易都會由我來管理。

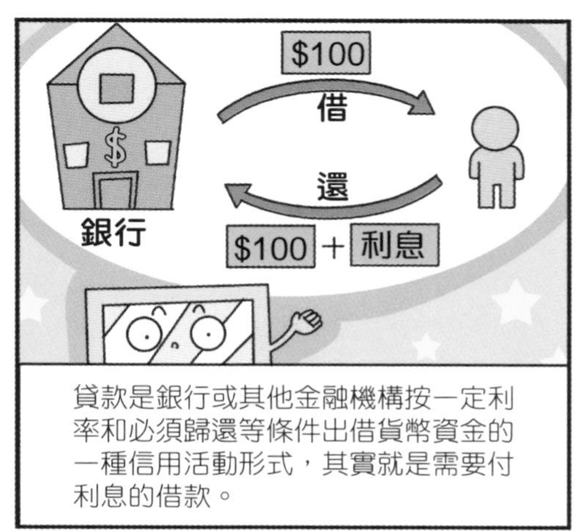

貸款是銀行或其他金融機構按一定利率和必須歸還等條件出借貨幣資金的一種信用活動形式，其實就是需要付利息的借款。

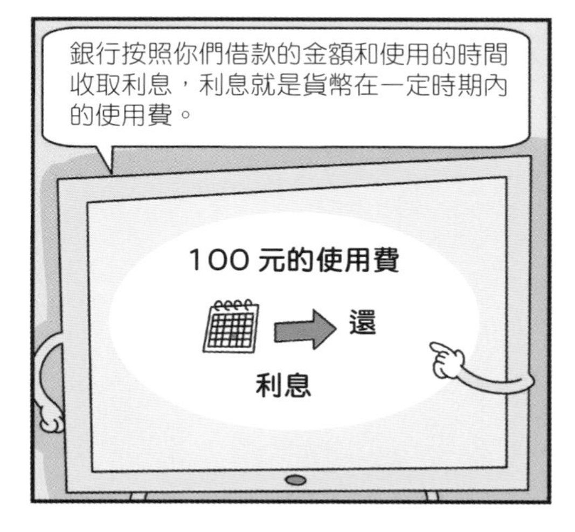

一年後，我該付的利息是400 元，最後加上本金，我一共要還 10400 元！
10000 × 4%=400（元）
10000+400=10400（元）

恭喜你朱栗，演出成功！你現在有了 10萬元的收入！
嘩，我也想賺錢！
吐

李老闆，如果將這批貨物賣出去，你就能盈利。
10000 元貨物
甚麼是盈利呀？

盈利又叫利潤，就是扣除本金之後所得到的多餘的部分哦。
10000×20%＝2000（元），加上本金我現在就有 12000 元！
你現在的盈利部分佔貨物價值的20%。
快來買呀！

到你了作家，你每賣出 1000 本書，就可以得到 500 元的分紅。
× 1000
$100 × 5

當賣夠 10000 本，往後每 1000 本多 100 元分紅。你現在有一本書賣了 15000 本，你知道自己能賺多少錢嗎？

分段計算，先算最開始的 10000 本：10000÷1000＝10，10×500＝5000（元）。往後增加的 1000 本就是 500+100＝600（元），15000－10000＝5000（本），5000÷1000＝5，5×600＝3000（元），所以最後我得到的報酬是 5000+3000＝8000（元）。
唰！

大家都有資金了，現在大家可以把錢存起來收取利息。
我們還可以收取利息嗎？
$100

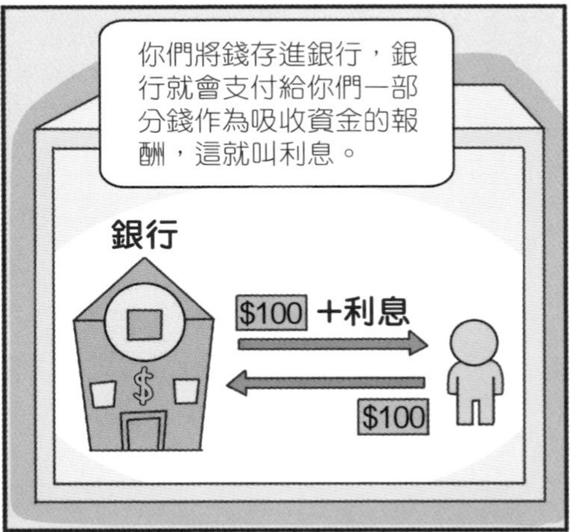
你們將錢存進銀行，銀行就會支付給你們一部分錢作為吸收資金的報酬，這就叫利息。
銀行
$100 ＋利息
$100

活期存款	隨時取用	利息較低
定期存款	設置期限，日期結束之前不能取用	利息較高

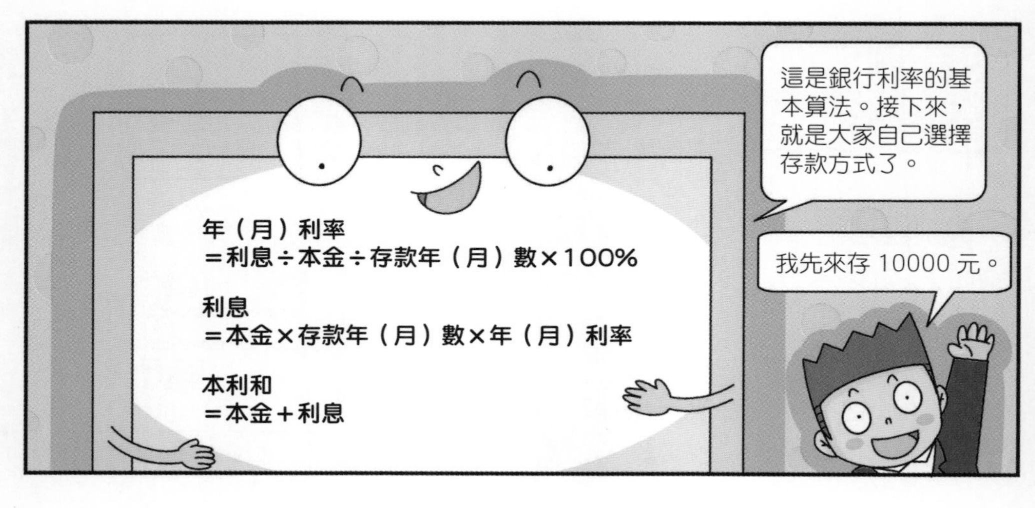

我想先存 10000 元進去試試，在銀行存兩年，怎樣做存款獲得的利息才會最多呢？
一年期年利率
2.25%
兩年期年利率
2.79%

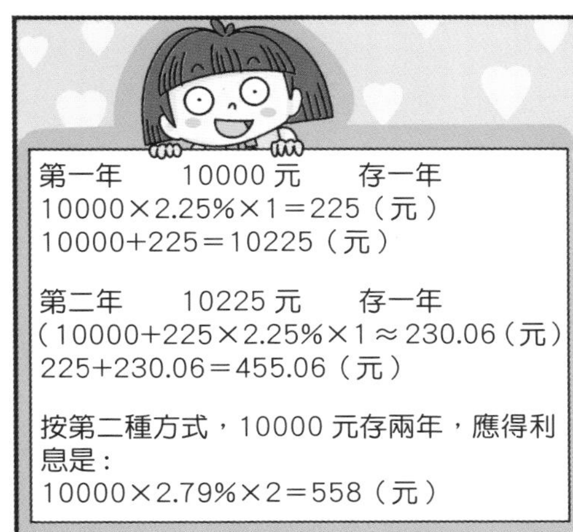
第一年　　10000 元　　存一年
10000×2.25%×1＝225（元）
10000+225＝10225（元）
第二年　　10225 元　　存一年
(10000+225×2.25%×1 ≈ 230.06（元）
225+230.06＝455.06（元）
按第二種方式，10000 元存兩年，應得利息是：
10000×2.79%×2＝558（元）

沒想到兩種存法居然有這麼大的差別。
我要存五萬進去！存三年！

吐錢～
$56000

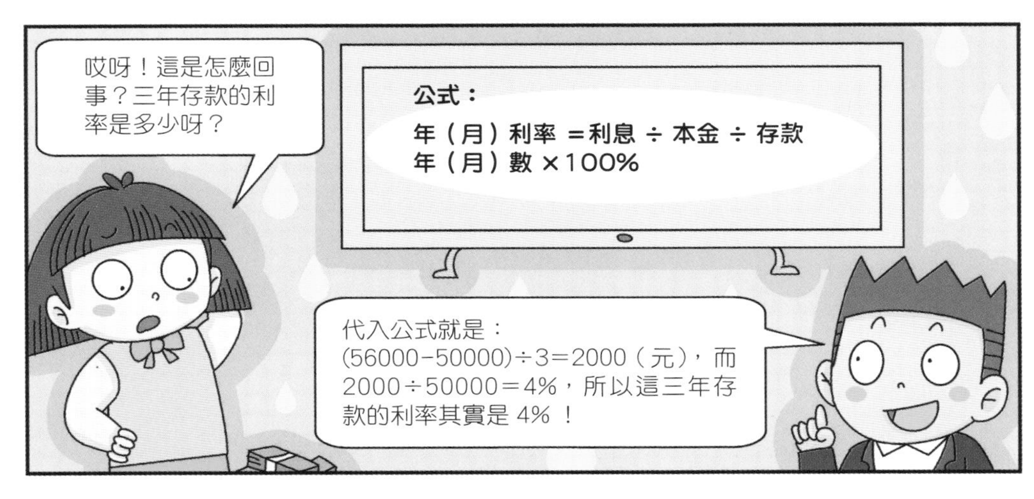
哎呀！這是怎麼回事？三年存款的利率是多少呀？
公式：
年（月）利率 ＝利息 ÷ 本金 ÷ 存款年（月）數 ×100%
代入公式就是：(56000−50000)÷3＝2000（元），而 2000÷50000＝4%，所以這三年存款的利率其實是 4% ！

方法一：先存一年，再連本帶利存一年，又連本帶利存一年；
方法二：先存一年，再連本帶利存兩年；
方法三：先存兩年，再連本帶利存一年；
方法四：直接存三年。

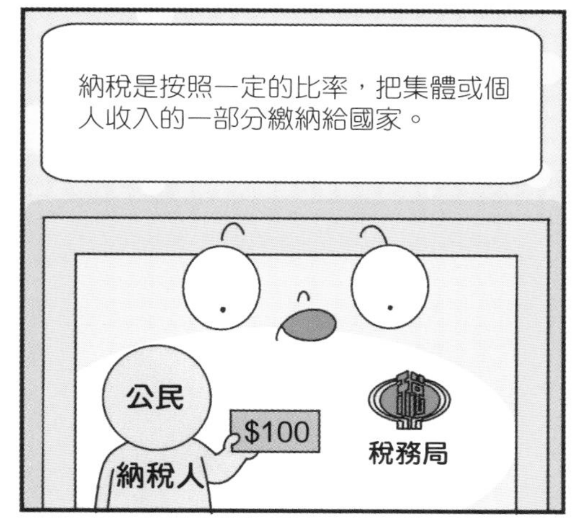
納稅是按照一定的比率，把集體或個人收入的一部分繳納給國家。
公民
$100
納稅人
稅務局

納稅是每一個公民應盡的義務，不按規定納稅是違法行為哦。
我們現在就交。

我們該怎麼交稅呢？
你們需要交的是個人所得稅。
稅收種類：商品有商品稅、進口稅，企業有企業所得稅，財產有房產稅等。

個人所得稅就是把我們賺的錢按照比例給國家交稅嗎？
沒錯，個人所得稅是有徵收起點的，這個徵收起點與徵收比例也會不時發生變動，所以大家一定要注意。

羅大頭利用業餘時間寫了一本小說，出版後從出版社一次性取得稿酬收入 3500 元。算算你要交多少稅吧。
稿酬收入超過 800 元但不超過 4000 元的部分，按照 14% 的稅率徵收個人所得稅。
(3500－800)×14%＝378（元），我應該繳納稅款 378 元。
378 元

李沖沖這個月賣貨得到 4000 元。收入在 2500 元以下（包括 2500 元）的部分，按 5% 的稅率交稅；2500 元到 7500 元的部分，減去交過稅的部分後，按 10% 的稅率交稅。李沖沖應該繳納稅款多少元？
稅前准予扣除金額是 0 元。

2500 元以下應交稅：2500×5%＝125（元）。
超過 2500 元的部分應交稅：（4000-2500）×10%＝150（元）。
總計交稅：125+150＝275（元）。
也太多了吧。

個人所得稅法規定：按月計算，個人所得稅的起徵點是 5000 元；不超過 3000 元的部分，按 3% 的稅率徵收個人所得稅；超過 3000 元至 12000 元的部分，按 10% 的稅率徵收個人所得稅。
嘩！怎麼一下子變難了！
7910 元
朱栗，這是你交完稅後的錢。你們能算出朱栗繳了多少稅和最初收入嗎？

先算出不超過 3000 的部分：3000×3%＝90（元）。
加上我的稅後收入是：7910+90＝8000（元）。
挺簡單的嘛，我的收入就是 8000 元，個人所得稅是 90 元！
精彩的回答！
模擬器先生，這個條件是甚麼意思？
超過 3000 元至 12000 元的部分，按 10% 的稅率徵收個人所得稅。

那是超額累進稅率的第二欄級。超額累進稅率就是把徵稅對象的收入數額劃分為若干等級，對每個等級分別規定相應的稅率，分別計算稅額，各級稅額之和為應納稅額。

級數	全月應納稅所得額	稅率（%）
1	不超過 3000 元	3
2	超過 3000 元至 12000 元	10
3	超過 12000 元至 25000 元	20
4	超過 25000 元至 35000 元	25
5	超過 35000 元至 55000 元	30
6	超過 55000 元至 80000 元	35
7	超過 80000 元	45

8. 數學大富翁遊戲——畢達哥拉斯樹、化圓為方和月牙定理

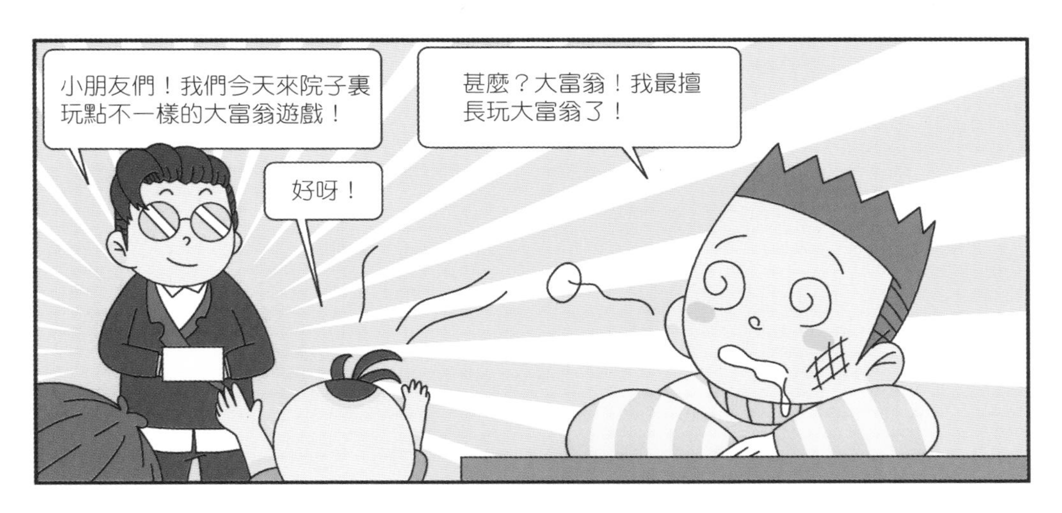
小朋友們！我們今天來院子裏玩點不一樣的大富翁遊戲！
好呀！
甚麼？大富翁！我最擅長玩大富翁了！

數學大富翁

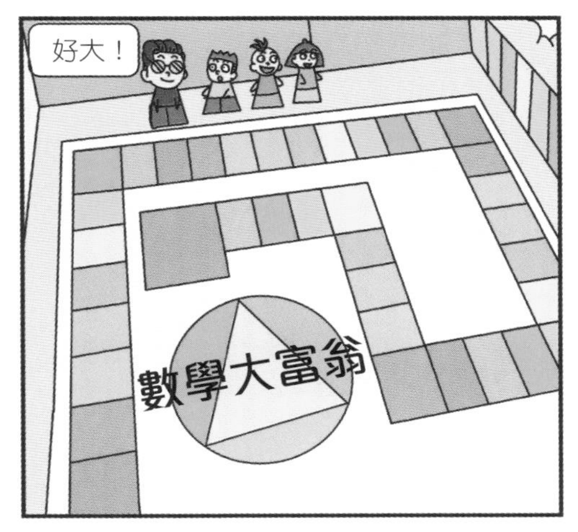
好大！
數學大富翁

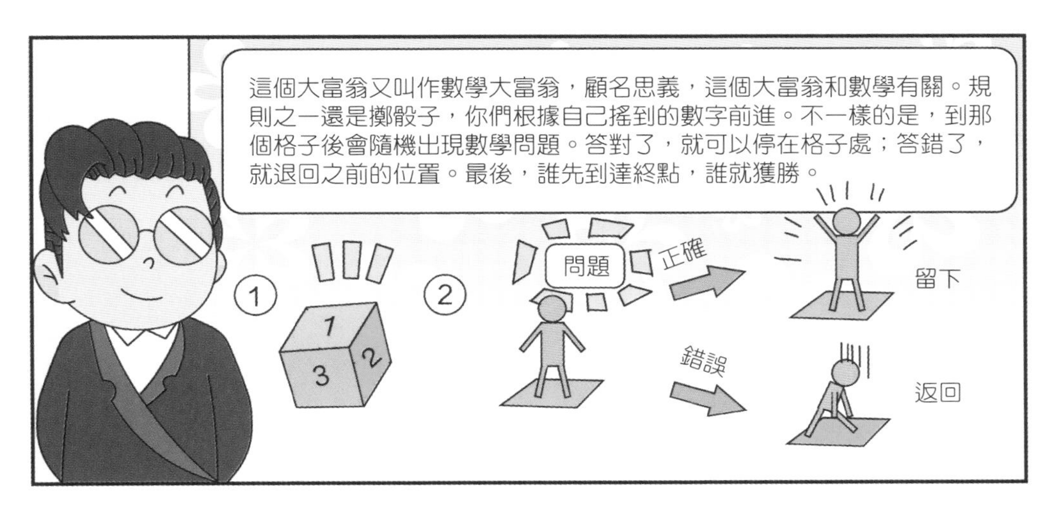
這個大富翁又叫作數學大富翁，顧名思義，這個大富翁和數學有關。規則之一還是擲骰子，你們根據自己搖到的數字前進。不一樣的是，到那個格子後會隨機出現數學問題。答對了，就可以停在格子處；答錯了，就退回之前的位置。最後，誰先到達終點，誰就獲勝。
①
1
2
3
②
問題
正確
留下
錯誤
返回

三人通過石頭剪刀布的方式，決定了擲骰子的順序。
嘿嘿。
1
2
3

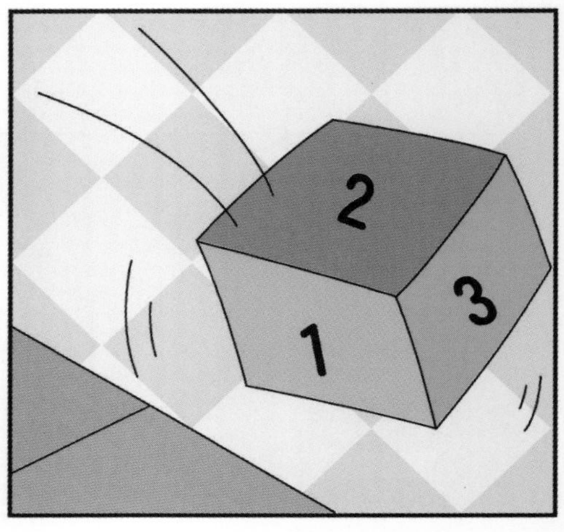
2
1
3

勾廣三、股修四、弦隅五，這是甚麼意思？
出現

勾廣三、股修四、弦隅五……勾三股四弦五，想到了！這是勾股定理！我沒說錯吧？！
回答正確。

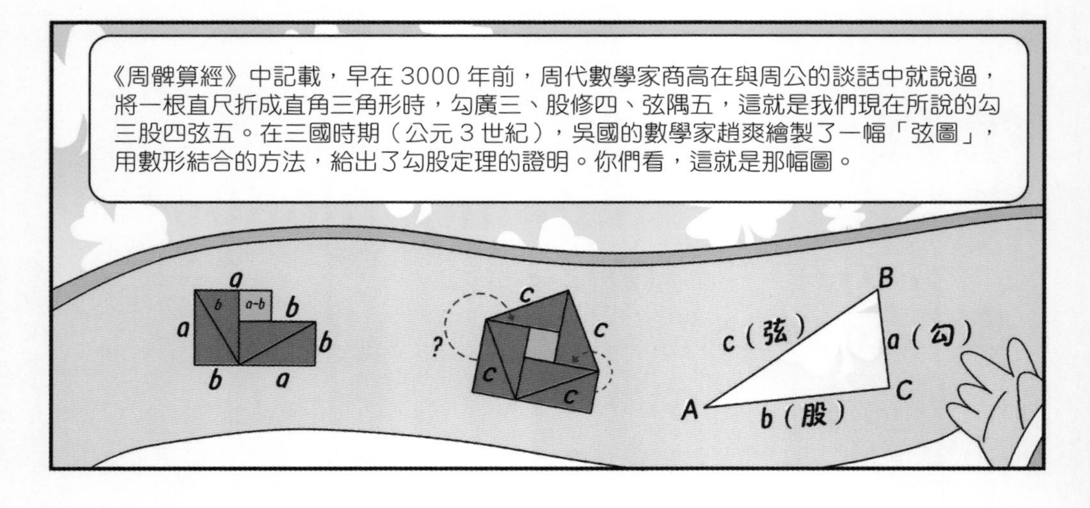
《周髀算經》中記載，早在 3000 年前，周代數學家商高在與周公的談話中就說過，將一根直尺折成直角三角形時，勾廣三、股修四、弦隅五，這就是我們現在所說的勾三股四弦五。在三國時期（公元 3 世紀），吳國的數學家趙爽繪製了一幅「弦圖」，用數形結合的方法，給出了勾股定理的證明。你們看，這就是那幅圖。
a
b
a-b
b
a
b
b
a
c
c
?
c
c
B
c（弦）
a（勾）
C
A
b（股）

到我了。
3
5

3
1
5

哦！這就是我夢中的奇樹！你知道這棵樹叫甚麼名字嗎？

是勾股樹！這上邊的圖形和剛才看到的證明勾股定理的弦圖差不多。

也可以這麼說，不過這棵樹叫作畢達哥拉斯樹，它可以用勾股定理的公式 $a^2+b^2=c^2$ 來表示。它還有個別稱叫做「百牛定理」。
這是為甚麼？

據說，在畢達哥拉斯學派剛發現勾股定理時，殺了足足一百頭牛來擺宴慶祝，所以在希臘，勾股定理也被稱作「百牛定理」。

5
1
3
去吧！

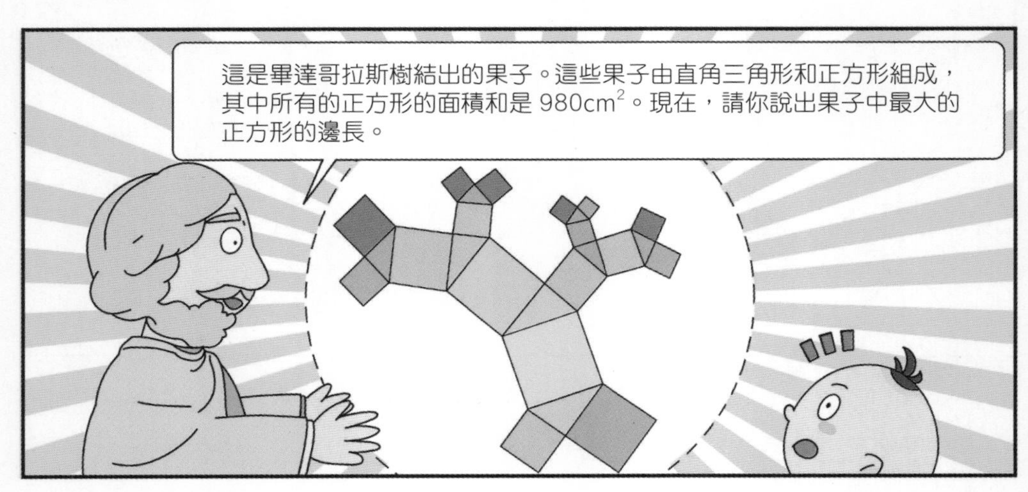
這是畢達哥拉斯樹結出的果子。這些果子由直角三角形和正方形組成，其中所有的正方形的面積和是 $980cm^2$。現在，請你說出果子中最大的正方形的邊長。

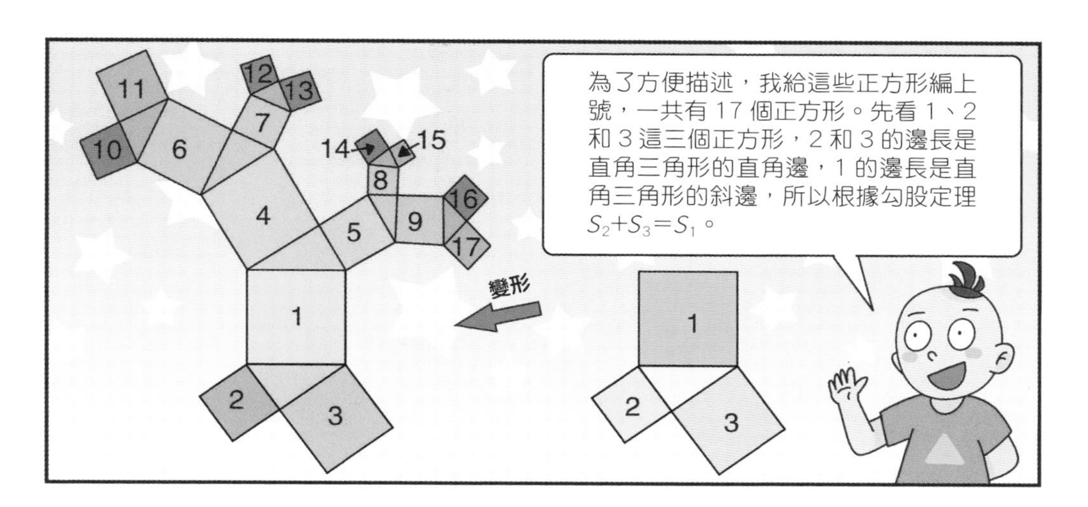

為了方便描述，我給這些正方形編上號，一共有 17 個正方形。先看 1、2 和 3 這三個正方形，2 和 3 的邊長是直角三角形的直角邊，1 的邊長是直角三角形的斜邊，所以根據勾股定理 $S_2+S_3=S_1$。
變形
1
2
3
4
5
6
7
8
9
10
11
12
13
14
15
16
17

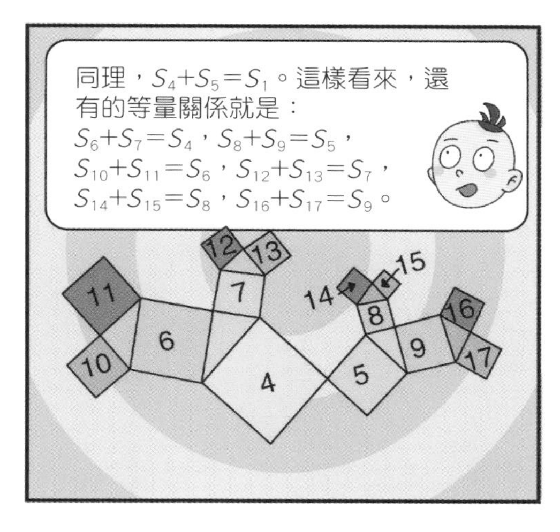

同理，$S_4+S_5=S_1$。這樣看來，還有的等量關係就是：
$S_6+S_7=S_4$，$S_8+S_9=S_5$，
$S_{10}+S_{11}=S_6$，$S_{12}+S_{13}=S_7$，
$S_{14}+S_{15}=S_8$，$S_{16}+S_{17}=S_9$。

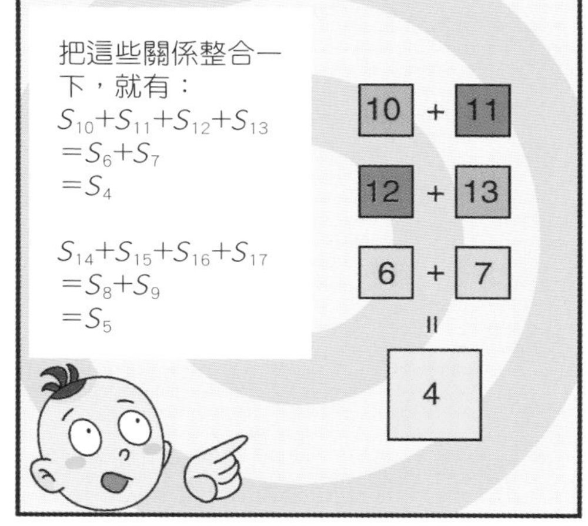

把這些關係整合一下，就有：
$S_{10}+S_{11}+S_{12}+S_{13}$
$=S_6+S_7$
$=S_4$
$S_{14}+S_{15}+S_{16}+S_{17}$
$=S_8+S_9$
$=S_5$
10 + 11
12 + 13
6 + 7
=
4

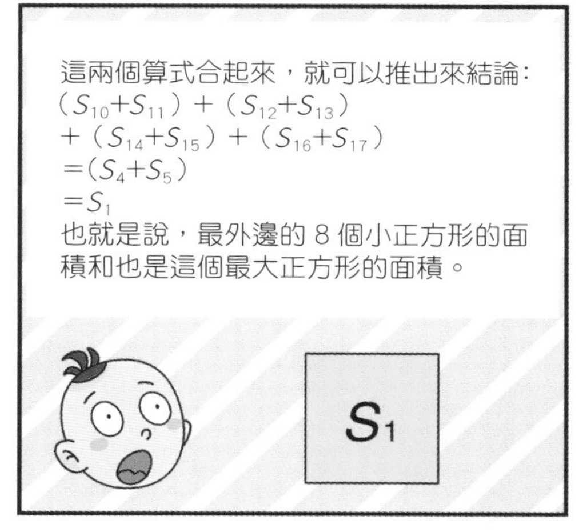

這兩個算式合起來，就可以推出來結論:
$(S_{10}+S_{11})+(S_{12}+S_{13})$
$+(S_{14}+S_{15})+(S_{16}+S_{17})$
$=(S_4+S_5)$
$=S_1$
也就是說，最外邊的 8 個小正方形的面積和也是這個最大正方形的面積。
S_1

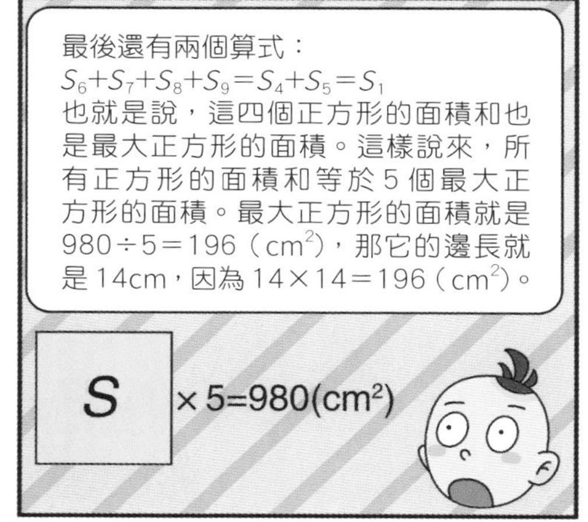

最後還有兩個算式：
$S_6+S_7+S_8+S_9=S_4+S_5=S_1$
也就是說，這四個正方形的面積和也是最大正方形的面積。這樣說來，所有正方形的面積和等於 5 個最大正方形的面積。最大正方形的面積就是 $980\div5=196$（cm^2），那它的邊長就是 14cm，因為 $14\times14=196$（cm^2）。
$S\times5=980(cm^2)$

恭喜李沖沖小朋友，觸發了古老的作圖題——化圓為方。我用這個圓規畫出一個圓，你能否利用圓規和直尺畫出一個與這個圓面積完全相同的正方形？

那在李沖沖想辦法的這段時間裏，我就簡單地和你們講講化圓為方。這個問題是古希臘數學裏尺規作圖領域當中的問題，它和三等分角、倍立方問題並列為尺規作圖三大難題。
這麼說，是不可能通過尺規作圖把圓形畫成方形了？

你們想想，假如可以單通過尺規化圓為方，那我們不也可以從單位長度出發，用尺規畫出來長度為π的線段？這麼長時間了，聽說過有人能畫出長度為π的線段嗎？
沒有。
搖頭

那李沖沖不是要退回來了？這也太「幸運」了吧！

李沖沖，你再想想我剛剛問的問題是甚麼？我用這個圓規畫出一個圓，你能否利用圓規和直尺畫出一個與這個圓面積完全相同的正方形？

我不能利用圓規和直尺完成化圓為方。
回答正確！

下一個是朱栗小朋友，記得聽清楚題目哦。
好的。

我扔。
3
1
2

嘿！

我是來自古希臘希俄斯的希波克拉底，我和那位被稱為「醫學之父」的希波克拉底同名。
你要面臨的問題中會出現月牙形。曾經我也想要研究能不能通過直尺和圓規化圓為方。失敗後，我誤打誤撞地研究出了另一個問題，就是月牙定理。
月牙定理？那是甚麼啊？

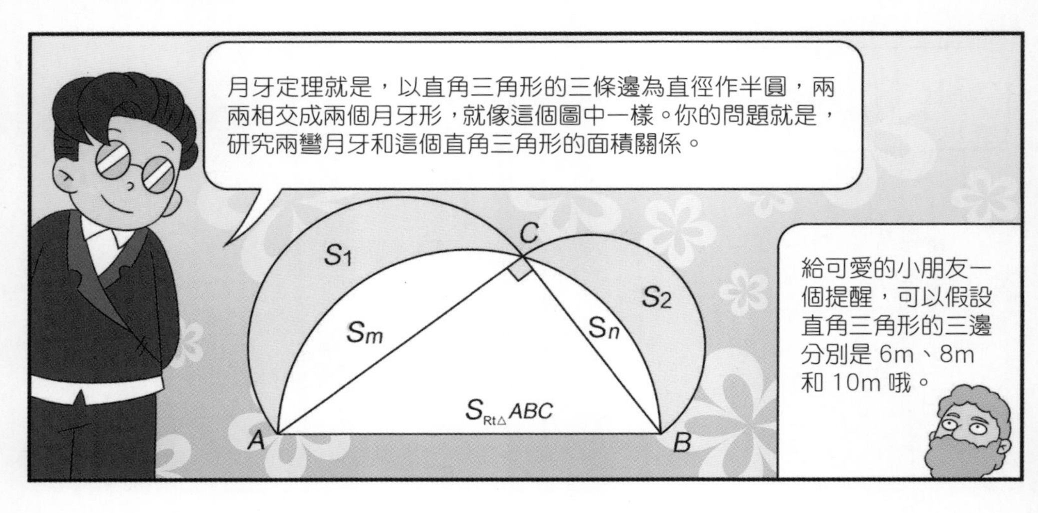
月牙定理就是，以直角三角形的三條邊為直徑作半圓，兩兩相交成兩個月牙形，就像這個圖中一樣。你的問題就是，研究兩彎月牙和這個直角三角形的面積關係。
C
S_1
S_2
S_m
S_n
$S_{Rt\triangle}ABC$
A
B
給可愛的小朋友一個提醒，可以假設直角三角形的三邊分別是 6m、8m 和 10m 哦。

如果直角三角形的三邊分別是 6m、8m 和 10m，那麼直角三角形的面積就是 $6\times8\div2=24(m^2)$。兩彎月牙的面積和就應該是以兩條直角邊為直徑的半圓的面積和，再減去以斜邊為直徑的半圓去掉直角三角形後的面積。

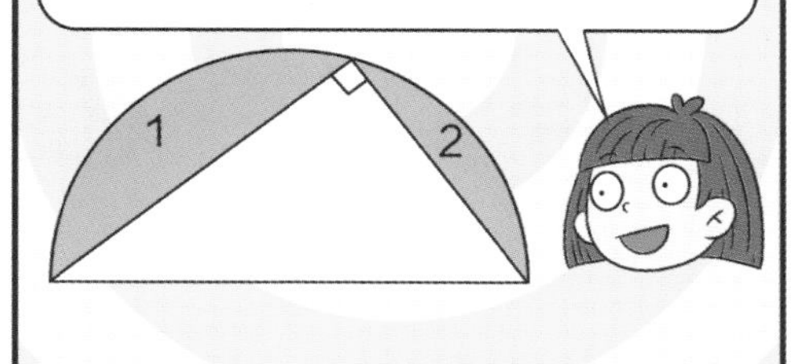

以斜邊為直徑的半圓去掉直角三角形後的面積就是：
$\frac{1}{2}\times5\times5\times\pi-24=12.5\pi-24(m^2)$。
以兩條直角邊為直徑的半圓面積和是：
$\frac{1}{2}\times(3\times3+4\times4)\pi=12.5\pi(m^2)$，
所以：$S_1+S_2=12.5\pi-(12.5\pi-24)=24(m^2)$。嘩！和這個直角三角形的面積完全一樣呢！

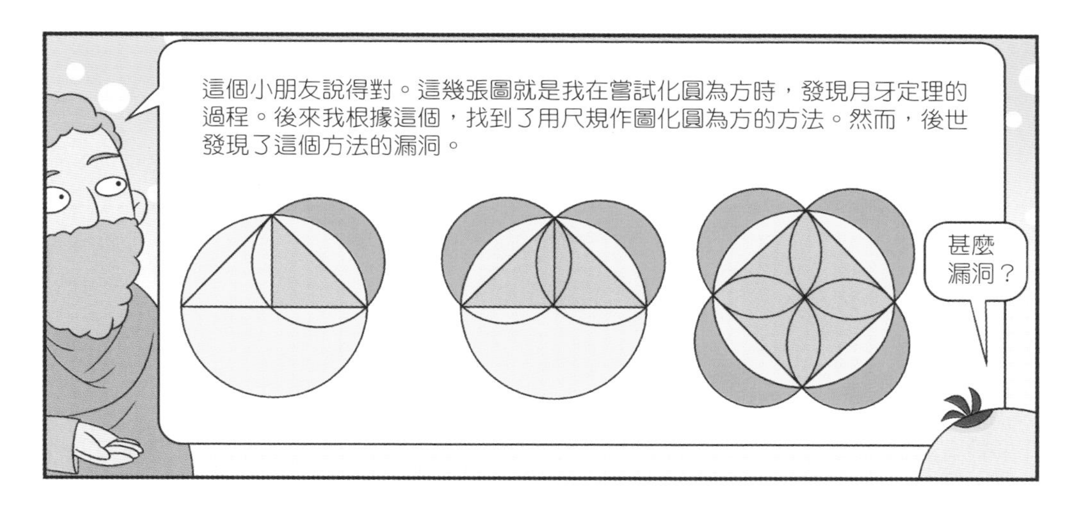

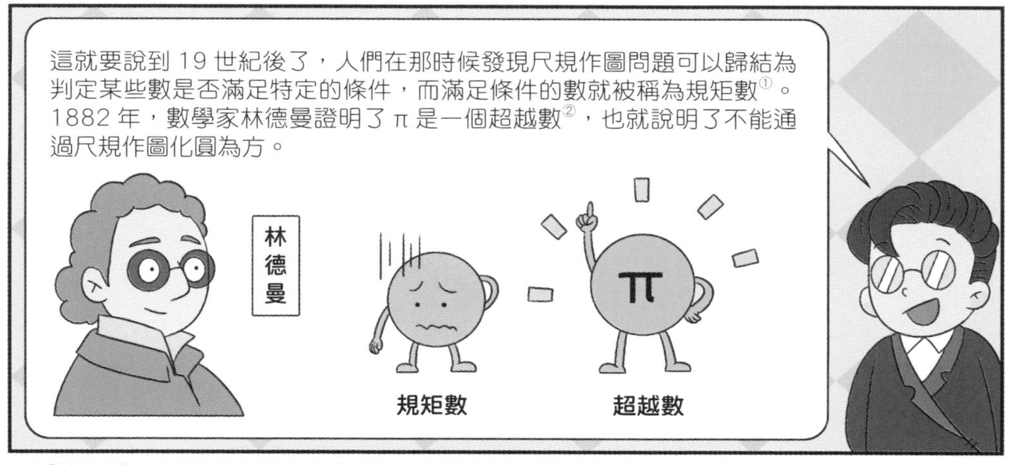

（①規矩數：用尺規作圖作出的實數，規和矩分別指圓規和直尺。② 超越數：不能滿足任何整系數代數方程的數。超越數不能通過尺規作圖畫出。）

這次是 4。
4
1
5

你的挑戰是算出這個月牙的面積。

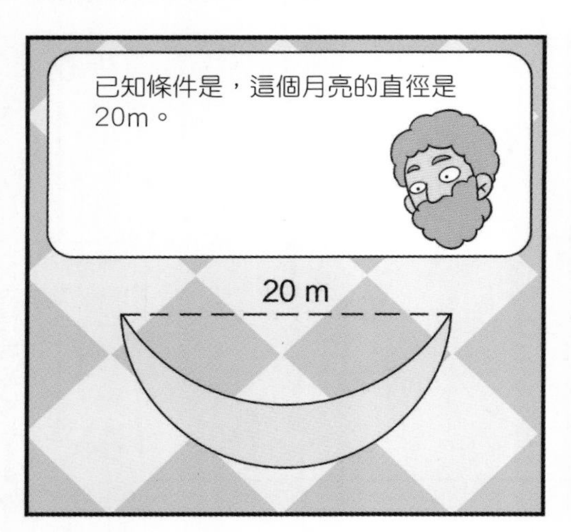
已知條件是，這個月亮的直徑是 20m。
20 m

我覺得，可以先把月亮給補齊了。希波克拉底先生，您可以幫幫我嗎？
沒問題。

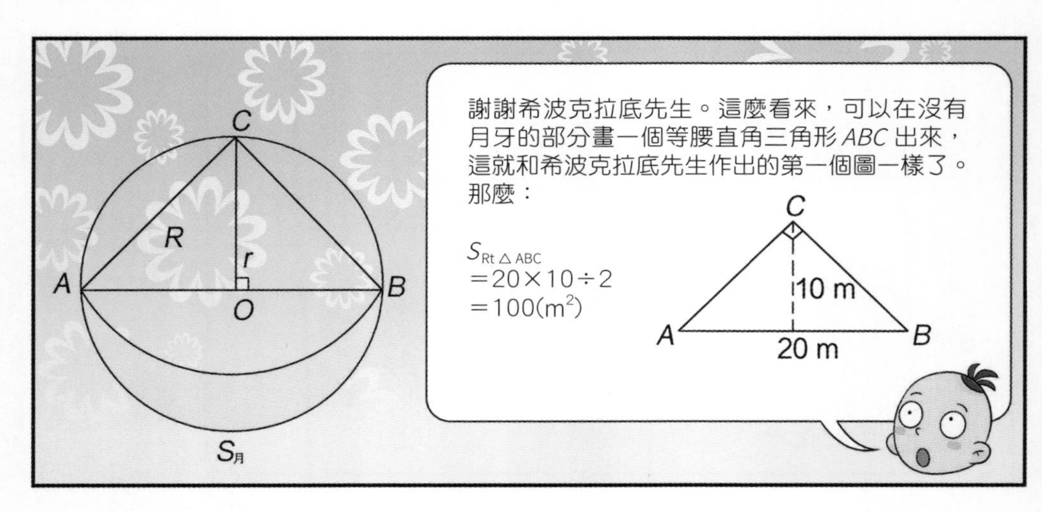
C
R
r
A
O
B
S月
謝謝希波克拉底先生。這麼看來，可以在沒有月牙的部分畫一個等腰直角三角形 ABC 出來，這就和希波克拉底先生作出的第一個圖一樣了。那麼：
$S_{Rt\triangle ABC}$
$=20\times10\div2$
$=100(m^2)$
C
10 m
A
20 m
B

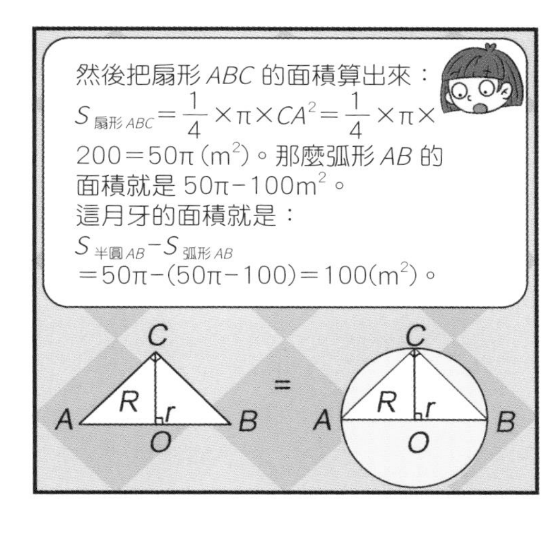
然後把扇形 ABC 的面積算出來：
$S_{扇形ABC}=\frac{1}{4}\times\pi\times CA^2=\frac{1}{4}\times\pi\times 200=50\pi\ (m^2)$。那麼弧形 AB 的面積就是 $50\pi-100m^2$。
這月牙的面積就是：
$S_{半圓AB}-S_{弧形AB}$
$=50\pi-(50\pi-100)=100(m^2)$。
C
R
r
A
O
B
=
C
R
r
A
O
B

十分正確，祝你們玩得開心。
消失

數學大富翁真是太好玩了，我們趕緊開始下一輪的擲骰子吧！

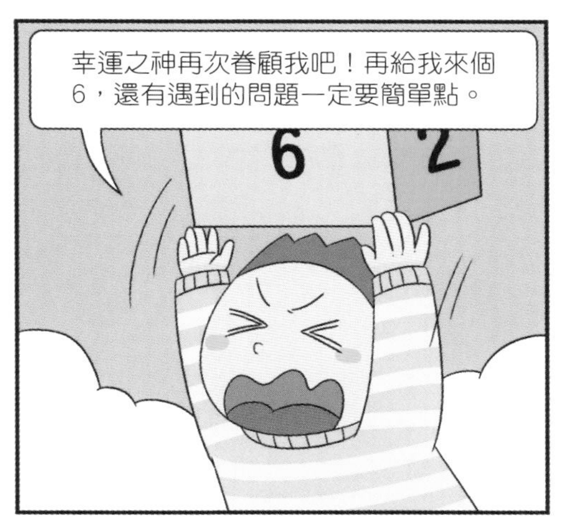
幸運之神再次眷顧我吧！再給我來個6，還有遇到的問題一定要簡單點。
6
2

骰子落地了，你們猜最後誰贏了呢？
3
1
2

9. 美麗的科克雪花

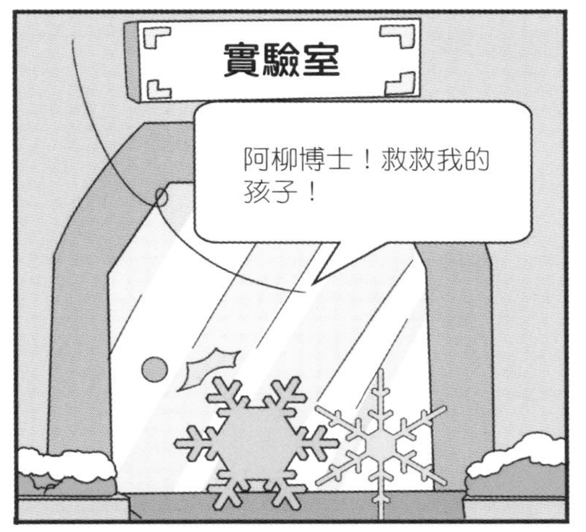
實驗室
阿柳博士！救救我的孩子！

阿柳博士不是醫生呀，你們應該去醫院。
只有阿柳博士有辦法救我們！

你們先進來，我盡量幫你們。
快進來暖和暖和吧！

不了，不了。我女兒就是進了房間太溫暖結果變成一攤水了！
阿柳博士您幫幫她恢復原樣吧。

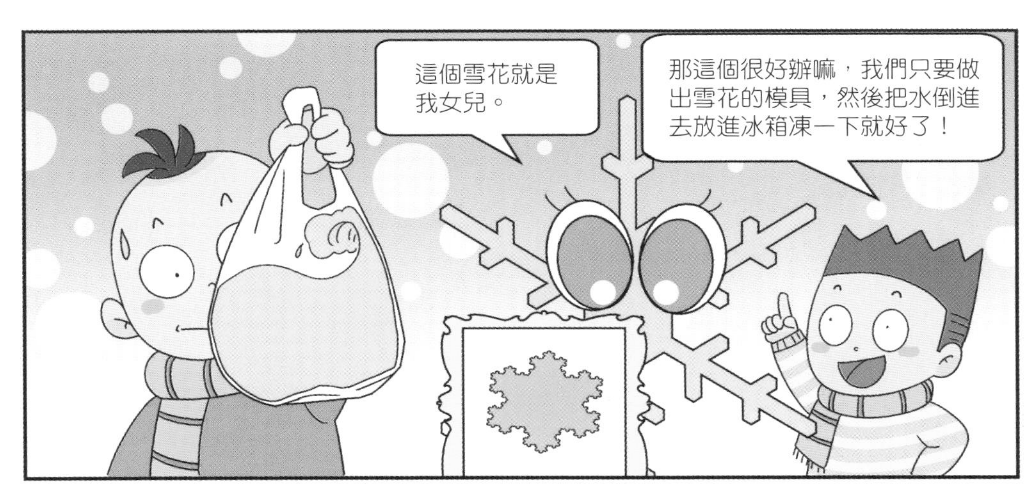
這個雪花就是我女兒。
那這個很好辦嘛，我們只要做出雪花的模具，然後把水倒進去放進冰箱凍一下就好了！

你們知道雪花是怎麼
來的嗎？
天上飄下來
的呀！

我們是由於空氣中的水蒸
氣遇冷凝結而成的，雪花
的形狀極多，大多都是六
角形，體內很多也是六角
形的冰晶。

OK!
要復原雪花女兒，得知道雪花
是怎麼生長的才能做出模具，
然後通過實驗機器，將雪花女
兒變回原來的樣子。只是放進
冰箱可是不行的哦。

你看看這個。
這是甚麼呀？

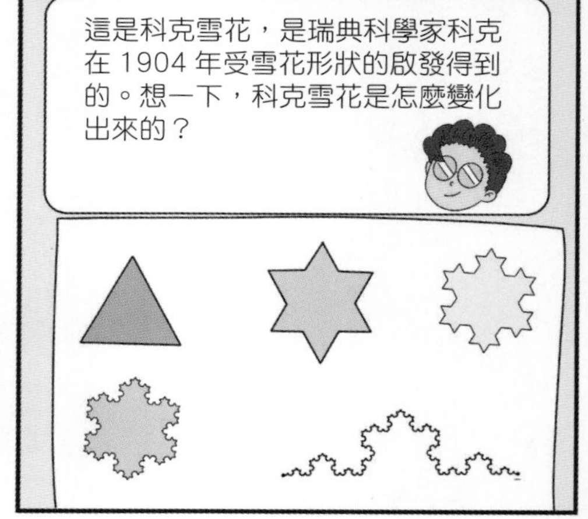
這是科克雪花，是瑞典科學家科克
在 1904 年受雪花形狀的啟發得到
的。想一下，科克雪花是怎麼變化
出來的？

是從三角形變過來的，
對嗎？

沒錯，所以雪花一家也可以從這樣
變過來。
那我們可以通過三角
形變出雪花，然後復
原雪花女兒！

兩個相同的等邊三角形，將它們重疊，
就成了一個六角星！

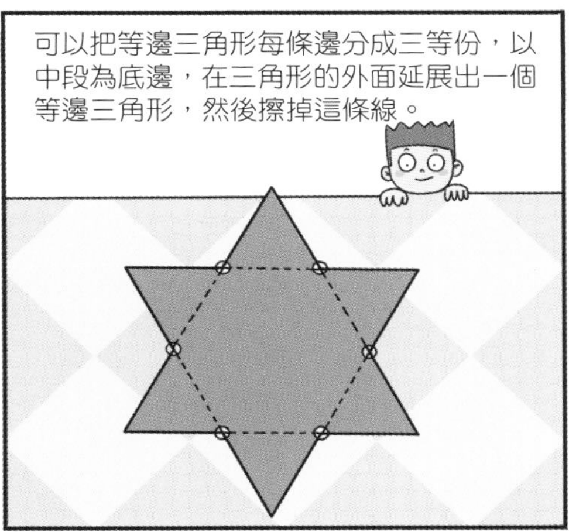
可以把等邊三角形每條邊分成三等份，以
中段為底邊，在三角形的外面延展出一個
等邊三角形，然後擦掉這條線。

每次得到的圖形每條邊都重複
李沖沖的方法，重複幾次就可
以得到科克雪花。
嘩，真的是雪花的
樣子！

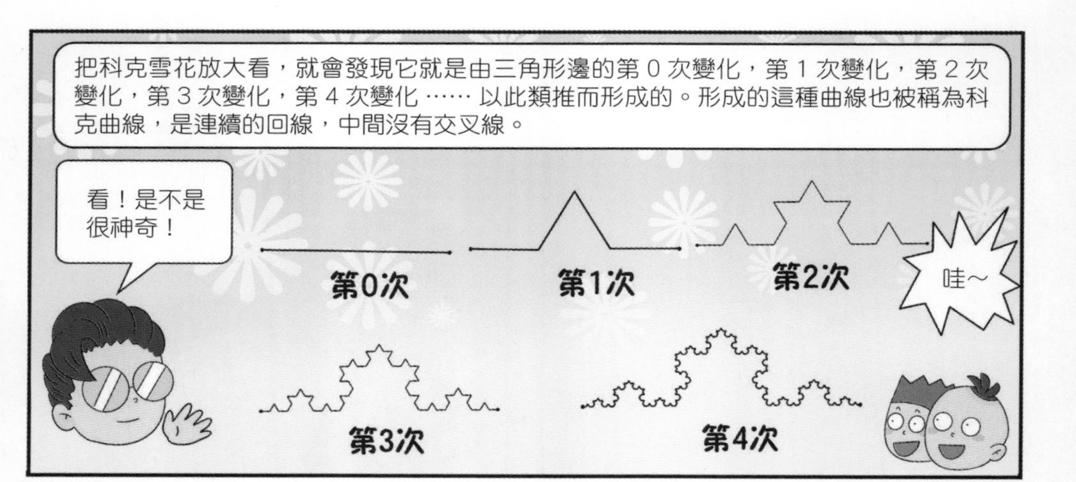

把科克雪花放大看，就會發現它就是由三角形邊的第 0 次變化，第 1 次變化，第 2 次變化，第 3 次變化，第 4 次變化 …… 以此類推而形成的。形成的這種曲線也被稱為科克曲線，是連續的回線，中間沒有交叉線。
看！是不是很神奇！
第0次
第1次
第2次
哇～
第3次
第4次

邊的數量變得越來越多，越來越複雜啦！
還是有規律的變化呢，相鄰圖形邊的數量都是 4 倍的關係。

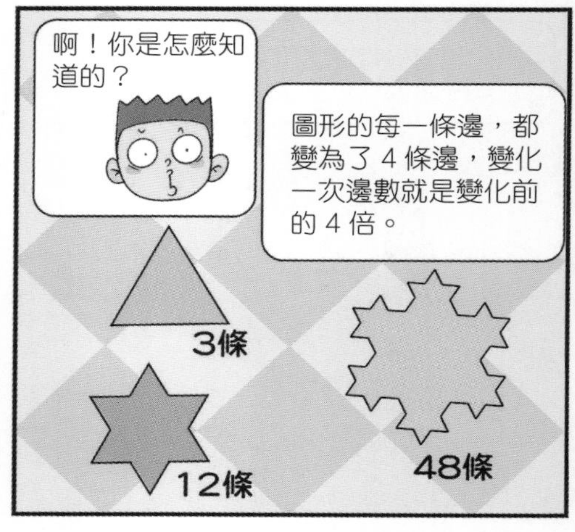

啊！你是怎麼知道的？
圖形的每一條邊，都變為了 4 條邊，變化一次邊數就是變化前的 4 倍。
3條
12條
48條

這麼說來，邊在無限地變化，周長就在無限地增加？
當圖形每變化一次，邊長都會變為原來的 $\frac{1}{3}$，周長會變為原來的 $\frac{4}{3}$ 倍。

嘩！你是怎麼算的呀？
把圓形的每條邊平均分成 3 份，邊長是原來的 $\frac{1}{3}$，邊數是原來的 4 倍，所以周長就變為了原來的 $\frac{4}{3}$ 倍。
$\frac{1}{3}$
$\frac{1}{3}$

面積不會也能無限變大吧？
不會的。
沒錯，雖然邊長會以 4 倍遞增，周長會無限變大，但面積一定比它的外接圓小。
爸爸媽媽，我回來啦！
嗚嗚嗚～我的女兒。
OK

大家好，我就是分形幾何學中的科克雪花，通過這次修復，你們感受到分形的規律了嗎？

邊的變化有一致性，周長的變化有無限性，以及面積的變化有有限性。

10. 假如眼睛欺騙了你
——錯覺集錦

今天我們要乘坐時光穿梭機去拜訪我的朋友，坐好囉，孩子們！

1908 年
英國
嘩！這不是英國的大笨鐘嗎？

你們好呀，我是心理醫生弗雷澤，很高興認識你們。
詹姆斯・弗雷澤

我可不僅僅是心理醫生，我還是魔術師呢。

救命！我要掉進去了！
地上怎麼有個旋渦？
哈哈哈！孩子們，不要緊張，這其實並不是真的旋渦！

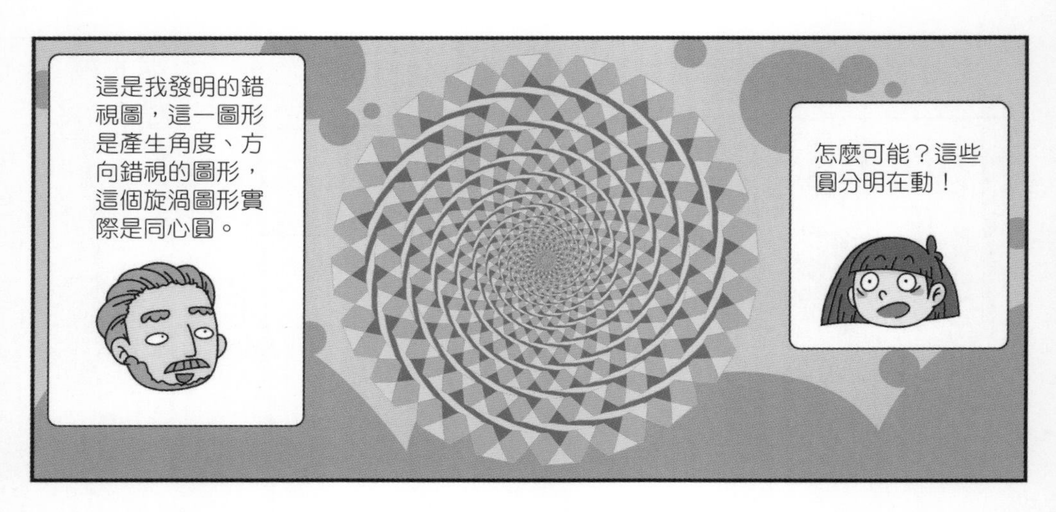
這是我發明的錯視圖，這一圖形是產生角度、方向錯視的圖形，這個旋渦圖形實際是同心圓。
怎麼可能？這些圓分明在動！

好像真的不是旋渦，只是張圖而已。

阿柳博士，錯視又是甚麼東西啊？

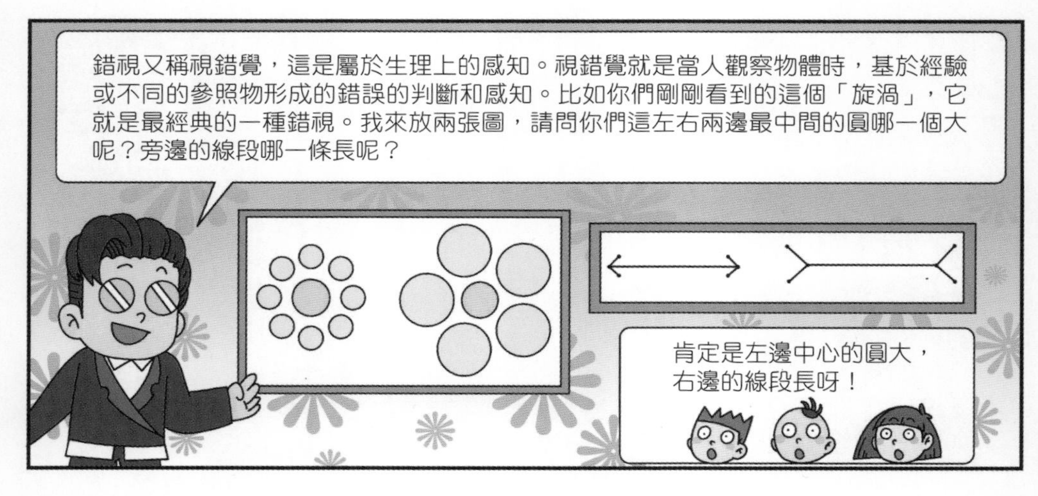
錯視又稱視錯覺，這是屬於生理上的感知。視錯覺就是當人觀察物體時，基於經驗或不同的參照物形成的錯誤的判斷和感知。比如你們剛剛看到的這個「旋渦」，它就是最經典的一種錯視。我來放兩張圖，請問你們這左右兩邊最中間的圓哪一個大呢？旁邊的線段哪一條長呢？
肯定是左邊中心的圓大，右邊的線段長呀！

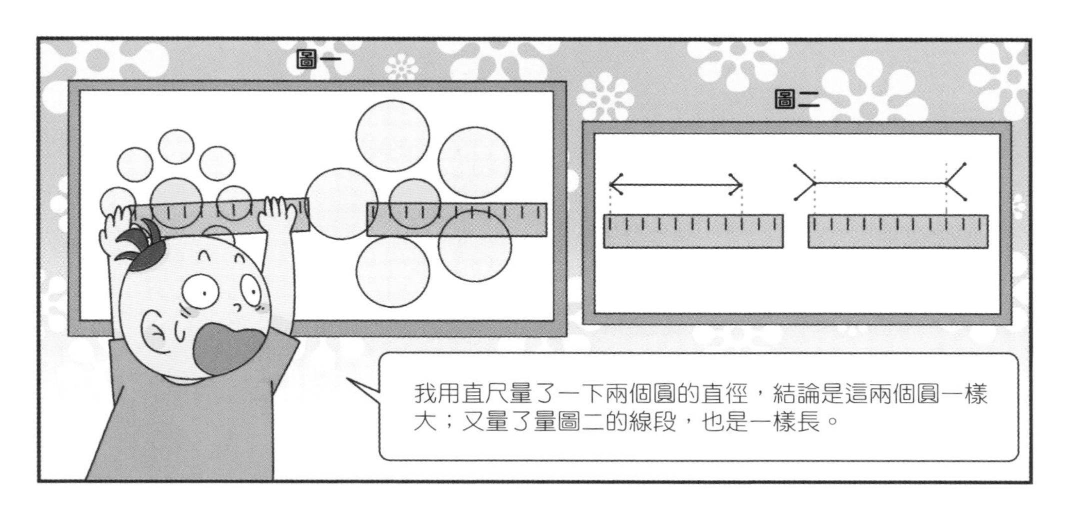
圖一
圖二
我用直尺量了一下兩個圓的直徑，結論是這兩個圓一樣大；又量了量圖二的線段，也是一樣長。

一直都說「耳聽為虛，眼見為實」，眼見真的為實嗎？

我感覺眼睛背叛了我！

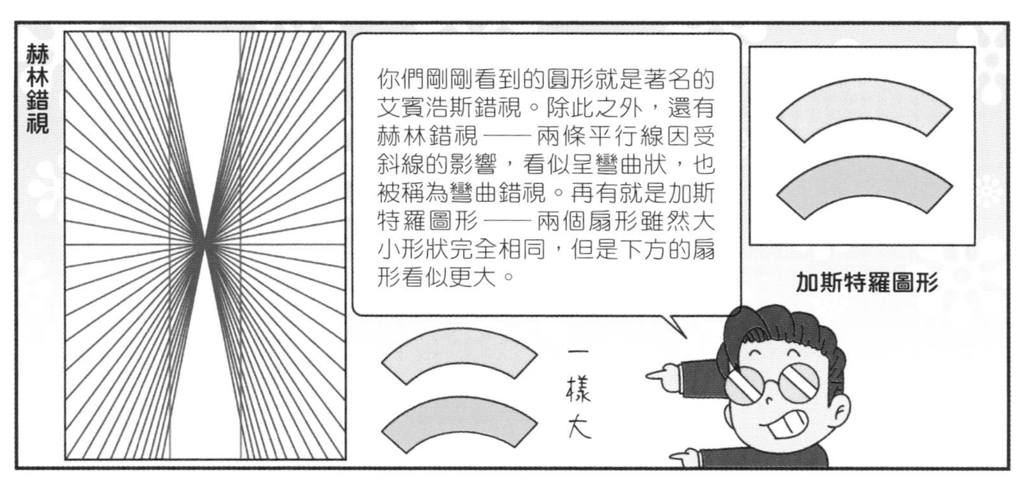
赫林錯視
你們剛剛看到的圓形就是著名的艾賓浩斯錯視。除此之外，還有赫林錯視——兩條平行線因受斜線的影響，看似呈彎曲狀，也被稱為彎曲錯視。再有就是加斯特羅圖形——兩個扇形雖然大小形狀完全相同，但是下方的扇形看似更大。
加斯特羅圖形
一樣大

這就是錯視的神奇之處了。你們能夠借錯視的原理用直線畫一個圓嗎？
我試試。

這該怎麼畫啊？

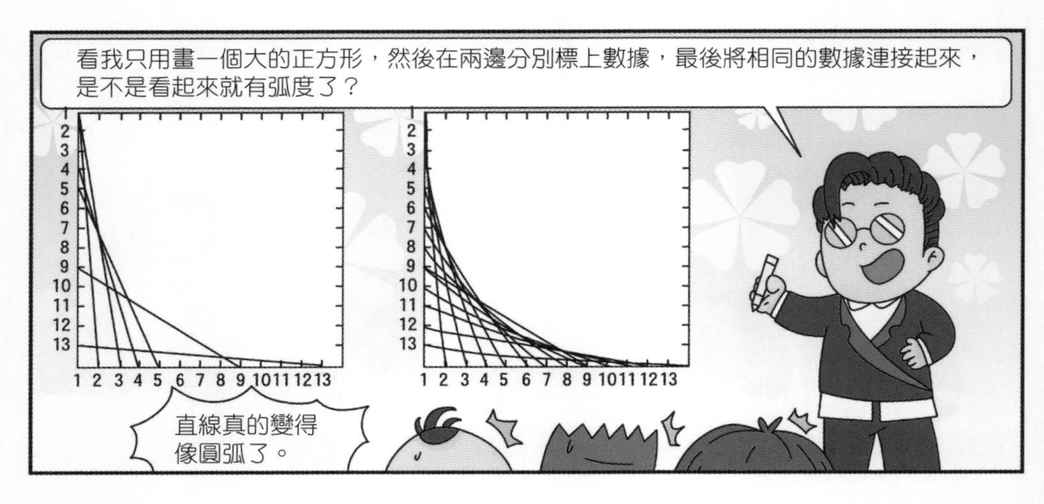
看我只用畫一個大的正方形，然後在兩邊分別標上數據，最後將相同的數據連接起來，是不是看起來就有弧度了？
2 3 4 5 6 7 8 9 10 11 12 13
1 2 3 4 5 6 7 8 9 10 11 12 13
2 3 4 5 6 7 8 9 10 11 12 13
1 2 3 4 5 6 7 8 9 10 11 12 13
直線真的變得像圓弧了。

畫四個圓弧，拼起來就是圓形了！

準確地說，這只是一個近似於圓的多邊形，數學家研究出這樣只能畫一個近似圓的圖形，這個圖形永遠也成不了數學中真正的圓。我帶你們回去看看生活中的錯視。

你們看，這就是廣州塔！
就像是有個巨人給廣州塔扭了一下一樣。
廣州塔中間可真細。
廣州塔
不需要變成巨人！只需要運用視覺錯誤的原理就可以了。
真的有人能夠把修好的廣州塔扭一下嗎？
生活中利用這種原理可以建造出很多美輪美奐的建築，廣州塔就是一個例子。它看似被人扭轉了一圈，實際並沒有巨人去扭轉它，只是建築師用了巧妙的方法騙過了大家的眼睛而已。

11. 動起來！圖形世界更精彩——靜止的圖形動起來

圖形王國有一個地方，可以窺探圖形世界的祕密。
阿柳博士，能帶我們去看看嗎？

可以呀，不過能在裏邊看到多少圖形世界的祕密，就看你們自己的本事了。

那裏就是我們的目的地了。

站住！誰讓你們上我們的神島的？

這是國王給我的通行證，請讓我們進去吧！
既然是國王陛下的意思，那……你們通過我的考驗就可以進去了。

我們都有通行證了，為甚麼還要通過考驗啊？
這是為了你們好。

我們就看看它
怎麼考驗吧！
考驗開始啦！
請畫出３種底
為４、高為３
的三角形。

那我先畫個直角三角形。
3
4

那我就畫個銳角
三角形吧。
我畫個鈍角
三角形。

不行！你們還得說出這幾個三角形
的關係。

能看出來，這幾個三角
形等底等高，所以它們
的面積也相等。

來讓三角形士兵幫
幫你們，讓它的同
類們動起來。

動起來吧！我的夥伴們！

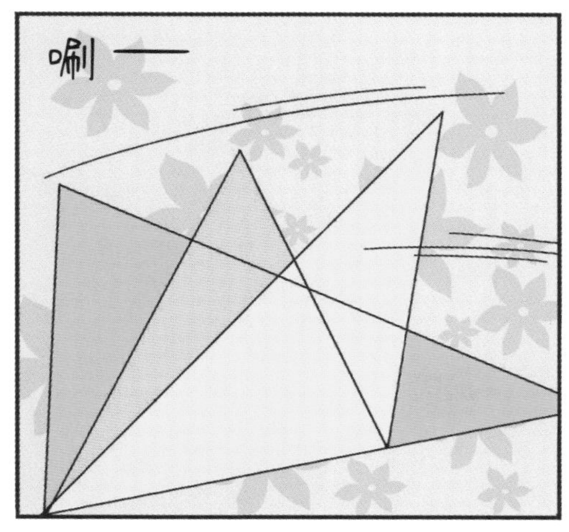
唰——

我還發現，它們的頂點都在同一條直線上，並且這條直線和底邊平行。

這些三角形都是由一個三角形變化來的。三角形的底邊的長不變，它的頂點在和底邊平行的直線上移動。

可以進去了嗎？
請進吧！

阿柳博士，你別走啊！我們還在後邊呢！

我們怎麼過不去啊？

想要探求圖形世界的祕密，就得先解出我們身上的祕密。
你們是三個四邊形和一個三角形？

年輕人可別這麼驕傲，你知道我們的面積怎麼算嗎？
正方形的面積＝邊長 × 邊長，長方形的面積＝長 × 闊，平行四邊形的面積＝底 × 高，三角形的面積＝底 × 高 ÷2。

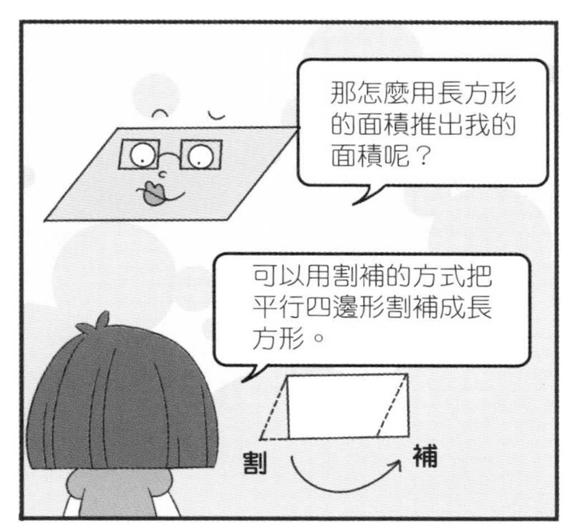
那怎麼用長方形的面積推出我的面積呢？
可以用割補的方式把平行四邊形割補成長方形。
割
補

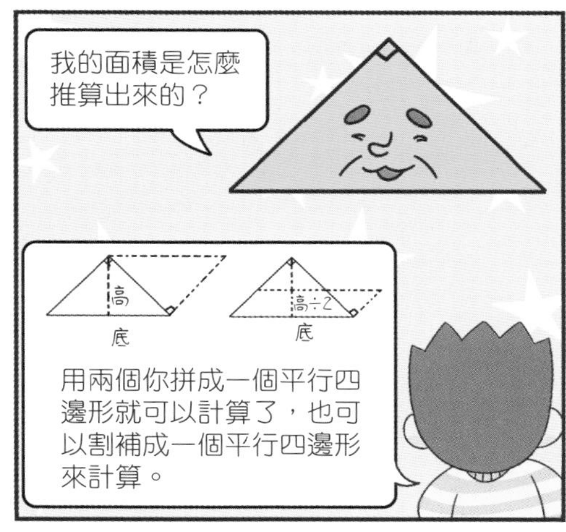
我的面積是怎麼推算出來的？
高
底
高÷2
底
用兩個你拼成一個平行四邊形就可以計算了，也可以割補成一個平行四邊形來計算。

還剩最後一個圖形。

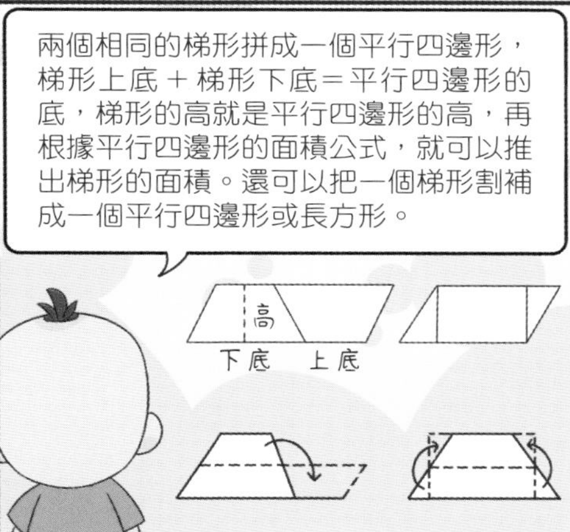
兩個相同的梯形拼成一個平行四邊形，梯形上底＋梯形下底＝平行四邊形的底，梯形的高就是平行四邊形的高，再根據平行四邊形的面積公式，就可以推出梯形的面積。還可以把一個梯形割補成一個平行四邊形或長方形。
高
下底
上底

恭喜你們已經觸及圖形世界的祕密了。
消失～
消失～

走了很久……

喂！裏邊有圖形嗎？
要不我們直接推門進去吧！

彈

想要進入神廟，就得解出謎題。

用我來表示其他幾個圖形的面積。
首先是我。

三角形的面積＝底 × 高 ÷2
梯形的面積
＝（上底＋下底）× 高 ÷2
看我的操作。
這倆的面積公式都有底乘以高除以 2，是不是可以從這裏入手？

當上底＝0 時，（上底 ＋ 下底） × 高 ÷2＝下底 × 高 ÷2＝底 × 高 ÷2＝三角形面積。

平行四邊形！此時，上底＝下底，高沒有改變。可以推出（上底 ＋ 下底） × 高 ÷2＝2× 底 × 高 ÷2＝底 × 高＝平行四邊形面積。
我試試！

長方形的面積＝長 × 闊，梯形的面積＝(上底 ＋ 下底)× 高 ÷2。此時，仍舊推出上底＝下底，高＝闊，所以(上底＋ 下底) × 高 ÷2＝(長 ＋ 長) × 闊 ÷2＝2× 長 × 闊 ÷2＝長×闊＝長方形面積。
輕點！

梯形的上底＝下底＝長，高＝闊＝長，所以(上底 ＋ 下底)×高 ÷2=(長＋長)×闊 ÷2＝2× 長 × 長 ÷2＝邊長 × 邊長＝正方形面積。

等你們進去了，就能明白圓形和我的關係了。
等等，還有圓形和你的關係啊？

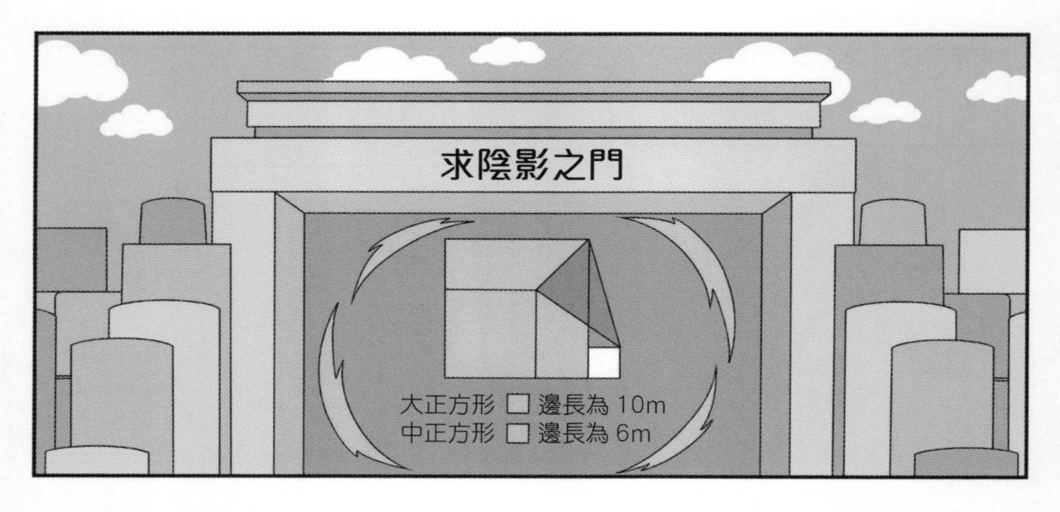
求陰影之門
大正方形 □ 邊長為 10m
中正方形 □ 邊長為 6m

去吧！你們各自用一種方法算出這幅圖中陰影部分的面積，就能領略到圖形世界的精彩之處了。
我先來！

可以連接正方形的兩條對角線，由兩條平行線之間的距離處處相等，可以對三角形做等面積轉換。

如圖，把陰影三角形的一個頂點移動到這裏，面積也不會變。新三角形的底正是大正方形的邊，高就是 10－6＝4（m），所以陰影部分的面積等於 10×4÷2＝20（m²）。

我覺得，不僅可以讓陰影三角形動起來，還可以讓大正方形旁邊的這個小正方形動起來，讓它縮小到最小。
怎麼動起來？

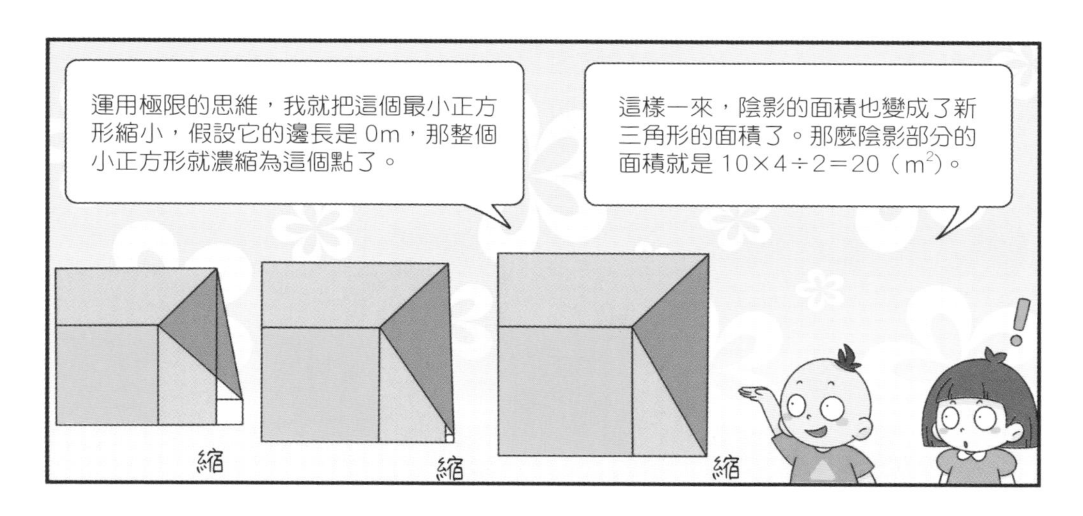
運用極限的思維，我就把這個最小正方形縮小，假設它的邊長是 0m，那整個小正方形就濃縮為這個點了。
這樣一來，陰影的面積也變成了新三角形的面積了。那麼陰影部分的面積就是 10×4÷2＝20（m²）。
縮
縮
縮

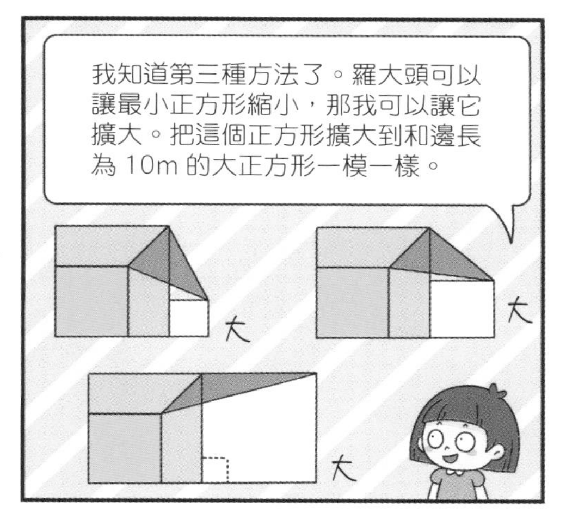
我知道第三種方法了。羅大頭可以讓最小正方形縮小，那我可以讓它擴大。把這個正方形擴大到和邊長為 10m 的大正方形一模一樣。
大
大
大

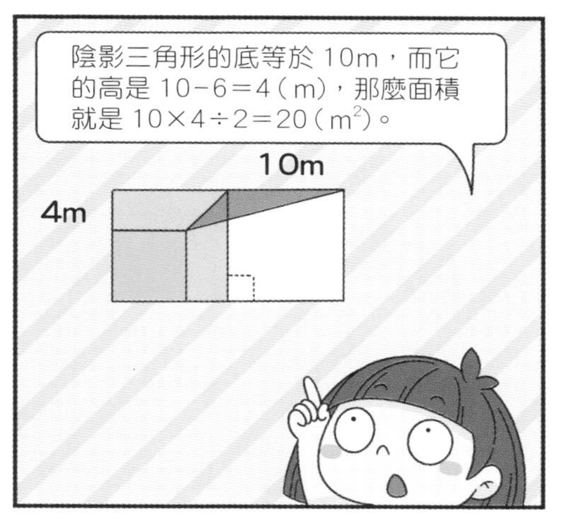
陰影三角形的底等於 10m，而它的高是 10－6＝4（m），那麼面積就是 10×4÷2＝20（m²）。
10m
4m

恭喜你們，歡迎你們在精彩的圖形世界裏繼續探尋。
終於來了，我在此等候你們多時了。
你們弄明白我和圓形的關係了嗎？

阿柳博士，我們還是不知道圓形怎麼變成梯形。您幫幫我們吧！

看好啦，我把它等分成了 16 份。
1
2
3
4
5
6
7
8
9
10
11
12
13
14
15
16

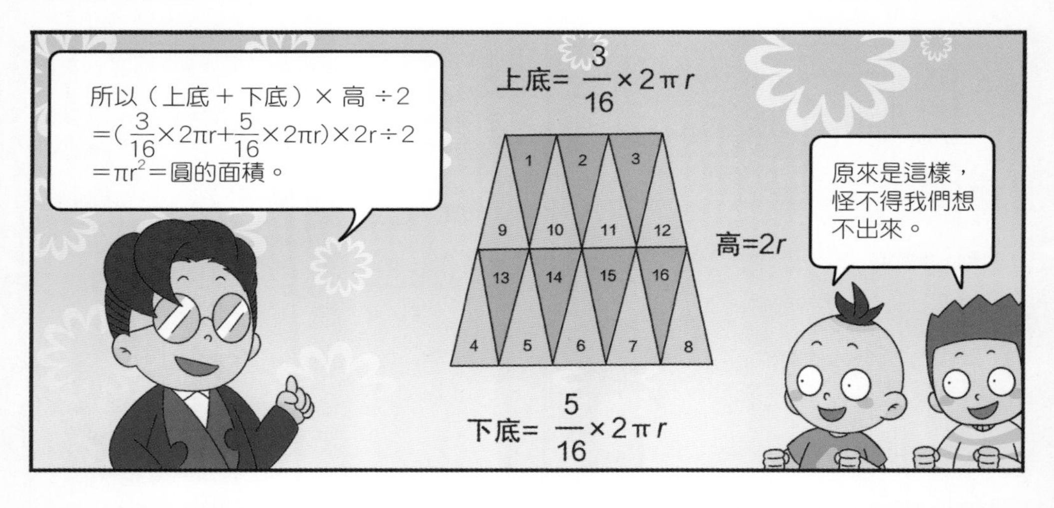
所以（上底＋下底）× 高 ÷2
$=(\frac{3}{16}\times 2\pi r+\frac{5}{16}\times 2\pi r)\times 2r\div 2$
$=\pi r^2$＝圓的面積。
上底= $\frac{3}{16}\times 2\pi r$
高=2r
下底= $\frac{5}{16}\times 2\pi r$
原來是這樣，怪不得我們想不出來。

請進吧。

這牆上的圖案
是甚麼？
是機關！

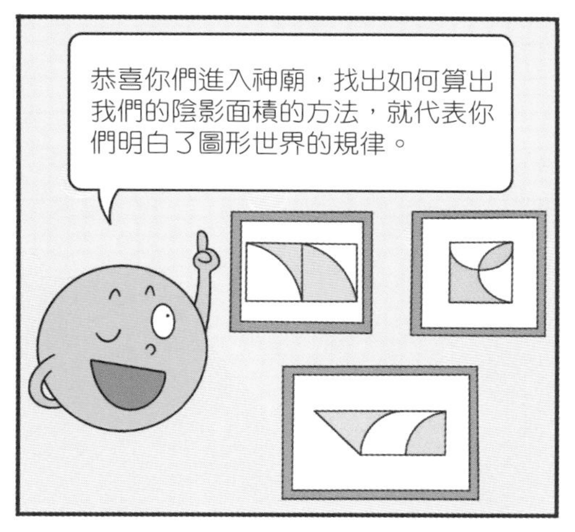
恭喜你們進入神廟，找出如何算出我們的陰影面積的方法，就代表你們明白了圖形世界的規律。

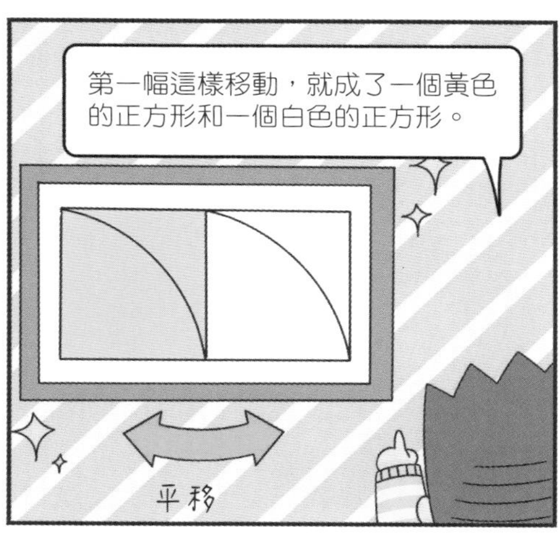
第一幅這樣移動，就成了一個黃色的正方形和一個白色的正方形。
平移

旋轉
旋轉
左下角的圖形從對角線分開成兩部分，正好可以旋轉到右上角的兩個空位上。

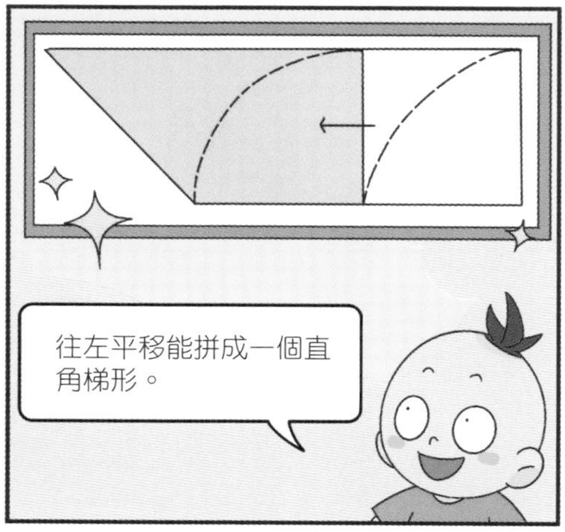
往左平移能拼成一個直角梯形。

這個和第二個圖形差不多，可以把上邊的圓弧旋轉下來，拼在下邊的圓弧上，再旋轉一次，就拼成了正方形！

圖形都亮起來了，會出現甚麼寶物嗎？

只要再按動那個最特殊的圖形，寶物就會出現了。
特殊？我知道了！是第四個！它是通過兩次旋轉，變成了特殊的正方形。

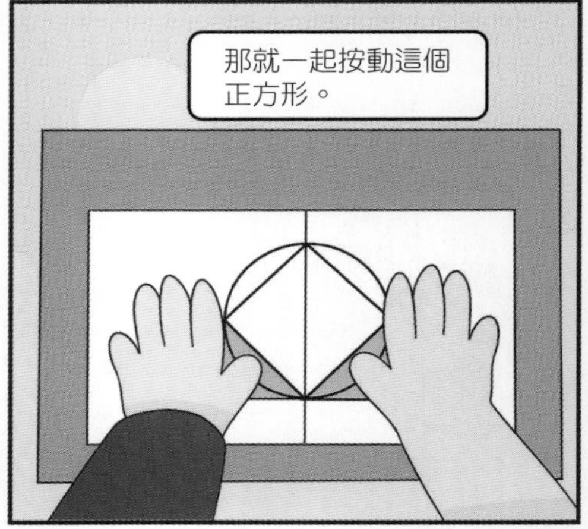
那就一起按動這個正方形。

嘩——

12. 愛喝酒的李白 ——
倒推法解分數應用問題

今天的目的地 —— 盛世唐朝

我們是不是來錯地方了？

我說了你的甜瓜沒有少，我們都是正經生意人！
那我的瓜怎麼一個都沒有了？你把瓜還我！

怎麼了老伯伯？
!!

我的一堆甜瓜啊，沒想到現在才 10 天，這個商人就已經全部拿完了。肯定是這個商人在欺騙我。
冤枉啊！我們按照事先所約定的，第一天拿了總個數的 $\frac{1}{10}$，第二天拿餘下的 $\frac{1}{9}$，以後 7 天，每天分別拿去當天甜瓜總數量的 $\frac{1}{8}$，$\frac{1}{7}$，$\frac{1}{6}$……$\frac{1}{2}$，第 10 天應該拿 4 個甜瓜，正好把所有的甜瓜都拿完了。

老伯伯，你是不是只有 40 個甜瓜啊？
40 個？對！你怎麼知道？

沒錯了！老爺爺 40 個甜瓜的話剛好 10 天就拿完了。

從第 10 天，第 9 天 …… 倒推回去，列式就求出這批甜瓜的總個數：
$4\div(1-\frac{1}{2})\div(1-\frac{1}{3})\div(1-\frac{1}{4})\div\cdots\div(1-\frac{1}{10})=4\div\frac{1}{2}\div\frac{2}{3}\div\frac{3}{4}\div\cdots\div\frac{9}{10}$
$=4\times2\times\frac{3}{2}\times\frac{4}{3}\times\cdots\times\frac{10}{9}$
＝40（個）
還是換一種更直接的方法跟老伯解釋清楚吧。
你們是一伙的吧？！

這批甜瓜共分 10 天拿，把這堆甜瓜平均分成 10 堆。第 1 天拿了這批甜瓜的 $\frac{1}{10}$，即正好拿了 1 堆，還剩 9 堆。

第 2 天拿了餘下的 $\frac{1}{9}$，也正好拿了 1 堆，這時還剩下 8 堆；第 3 天拿了再剩下的 $\frac{1}{8}$，也正好是拿了 1 堆 …… 這樣每天拿的都是 1 堆。第 10 天拿了 4 個，因此，這批甜瓜共有 4×10＝40（個）。

是我誤會了，對不起呀，小伙子。

謝謝你們幫了我，有甚麼我可以幫你們的儘管說！
老伯，你知道哪裏可以見識到唐朝的盛世風貌嗎？

也不知老伯為何讓我們來這裏。

你這潑猴，竟然敢偷喝我李白的酒！快還給我，否則我掀翻你這靈仙山。
是大詩人李白！啊，我見到了詩仙！

你就是大名鼎鼎的李白呀！作一首詩來聽聽。

我的詩怎能是你配聽到的？
既然這樣我也不強求了，正好現在我們猴族遇到一個難題，只要你能解答，我就把這兩個酒壺還給你。

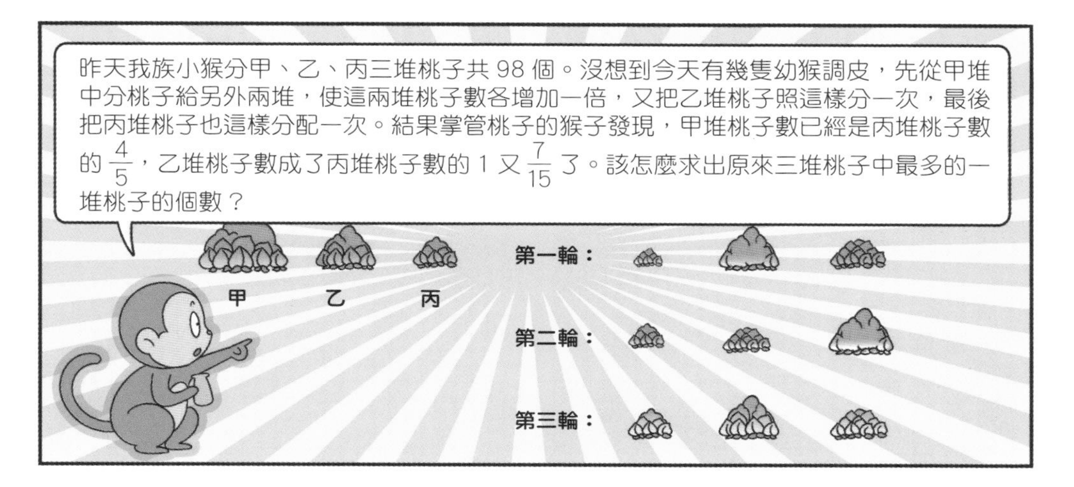
昨天我族小猴分甲、乙、丙三堆桃子共 98 個。沒想到今天有幾隻幼猴調皮，先從甲堆中分桃子給另外兩堆，使這兩堆桃子數各增加一倍，又把乙堆桃子照這樣分一次，最後把丙堆桃子也這樣分配一次。結果掌管桃子的猴子發現，甲堆桃子數已經是丙堆桃子數的 $\frac{4}{5}$，乙堆桃子數成了丙堆桃子數的 1 又 $\frac{7}{15}$ 了。該怎麼求出原來三堆桃子中最多的一堆桃子的個數？
甲
乙
丙
第一輪：
第二輪：
第三輪：

我可不是甚麼祖沖之，你休想糊弄我，快將酒壺還給我。

李白先生不要慌，這題我可以用我拿手的方程法解答。我們設現在丙堆桃子有 x 個，則甲堆桃子有 $\frac{4}{5}x$ 個，乙堆桃子有 $1\frac{7}{15}x$ 個，然後可以列方程式得：$x+\frac{4}{5}x+\frac{7}{15}x=98$。

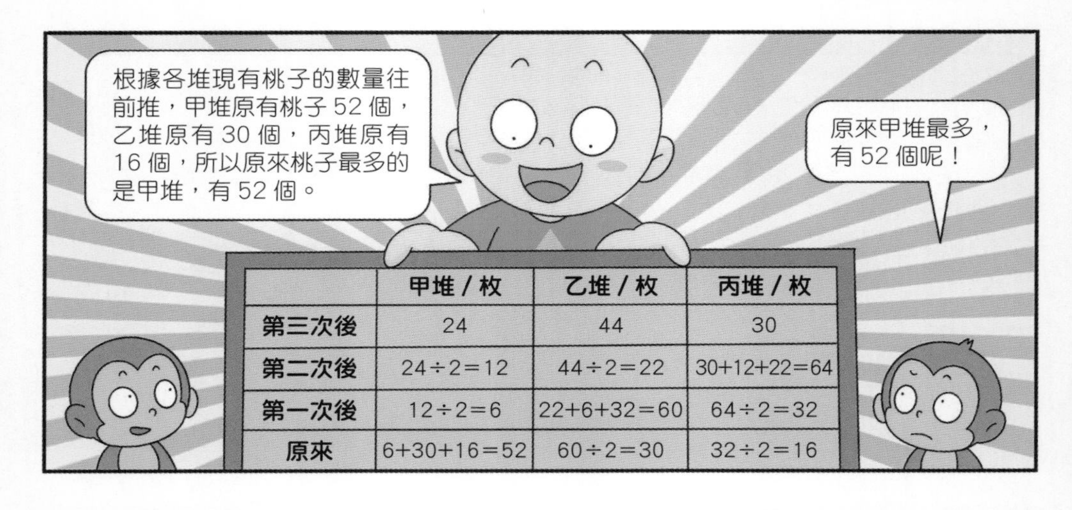

	甲堆／枚	乙堆／枚	丙堆／枚
第三次後	24	44	30
第二次後	24÷2＝12	44÷2＝22	30+12+22＝64
第一次後	12÷2＝6	22+6+32＝60	64÷2＝32
原來	6+30+16＝52	60÷2＝30	32÷2＝16

多謝幾位小兄弟相助，今天多虧了你們。
李白先生，你怎麼這麼喜歡喝酒呀？喝多了酒對身體不好的！

世人都說我李白無酒不歡，又怎麼會知道我的苦楚難以排解，酒怎麼會喝多呢？眾人這麼聰明，能猜猜我的壺中原有酒幾斗嗎？
說來聽聽。

我在街上走，提壺去買酒，遇店加一倍，見花喝一斗，三遇店和花，喝光壺中酒。

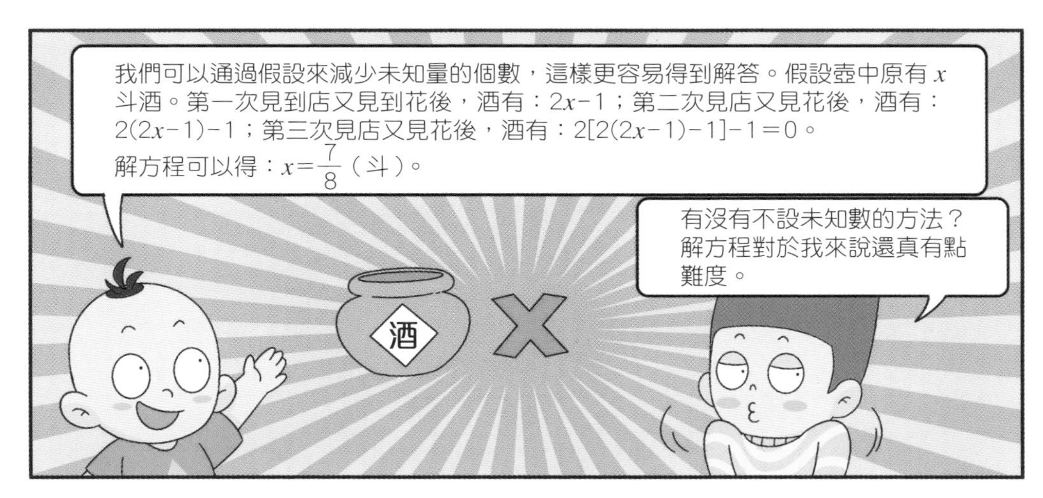

我們可以通過假設來減少未知量的個數，這樣更容易得到解答。假設壺中原有 x 斗酒。第一次見到店又見到花後，酒有：$2x-1$；第二次見店又見花後，酒有：$2(2x-1)-1$；第三次見店又見花後，酒有：$2[2(2x-1)-1]-1=0$。解方程可以得：$x=\frac{7}{8}$（斗）。
有沒有不設未知數的方法？解方程對於我來說還真有點難度。
酒
x

意思是從最後第三次遇花開始，往前一次一次推斷。第三次遇到花之前，餘酒 1 斗；第三次遇到店前，餘酒 $1 \div 2 = \frac{1}{2}$（斗）；第二次遇花前，餘酒就是 $1 + \frac{1}{2} = \frac{3}{2}$（斗）；第二次遇店前，餘酒 $\frac{3}{2} \div 2 = \frac{3}{4}$（斗）；第一次遇花前，餘酒 $1 + \frac{3}{4} = \frac{7}{4}$（斗）；第一次遇店前，餘酒 $\frac{7}{4} \div 2 = \frac{7}{8}$（斗）。真的是和解方程的答案一樣耶！雖然過程繁瑣一點，但理解起來也蠻輕鬆的。

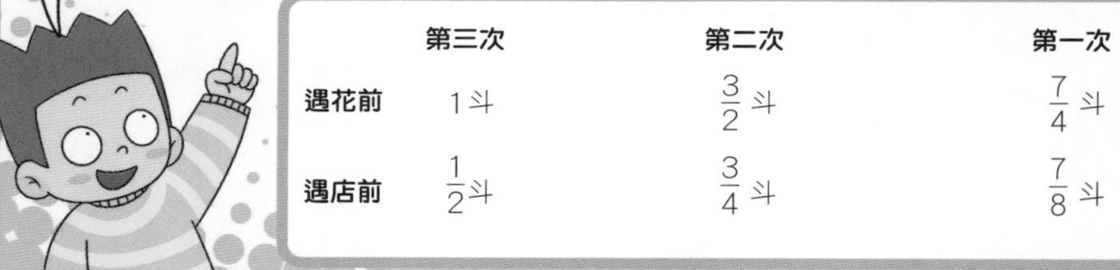

	第三次	第二次	第一次
遇花前	1斗	$\frac{3}{2}$ 斗	$\frac{7}{4}$ 斗
遇店前	$\frac{1}{2}$斗	$\frac{3}{4}$ 斗	$\frac{7}{8}$ 斗

13. 海底修橋記——工程問題

跨海大橋
小朋友們，開着車在海上兜風的感覺怎麼樣啊？
這可真是一項偉大的工程！

我聽說海底的動物們最近正想要在海底修一座橋，我們去幫幫忙，正好我再給你們講講與工程有關的問題。

變身！

工程這個詞最早出現在 18 世紀的歐洲，本意是指兵器和軍事製造的各種勞作，後來逐漸擴展到了房屋建造、架橋修路以及機器製造等方面。

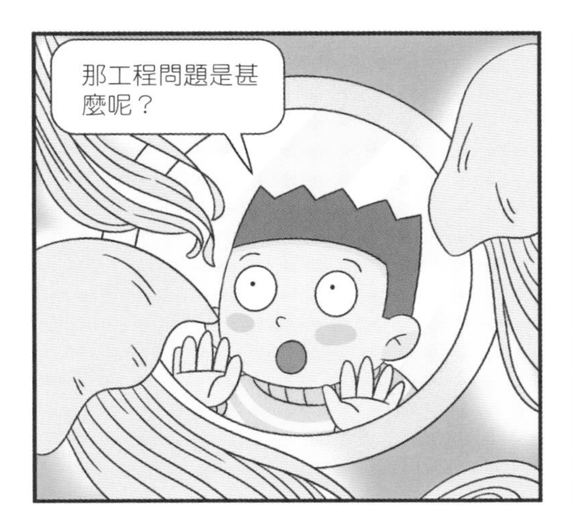
那工程問題是甚麼呢？

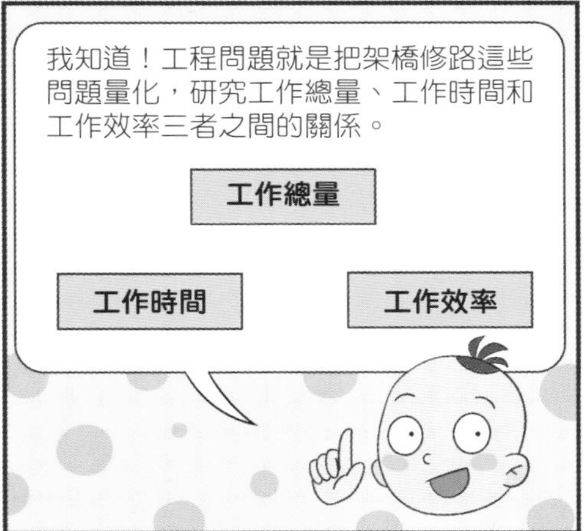
我知道！工程問題就是把架橋修路這些問題量化，研究工作總量、工作時間和工作效率三者之間的關係。
工作總量
工作時間
工作效率

羅大頭說的沒錯，你們現在接觸的工程問題確實是這些。不過，今後如果你們成了工程師的話，你們遇到的工程問題，就可能是在完成這個工程中會遇到的各種技術問題或者安全問題，那些也可以叫作工程問題。
技術
安全

你們快看，那邊有好多的海洋生物在聚集啊！

就是那裏了，我們去看看牠們需不需要幫忙吧！

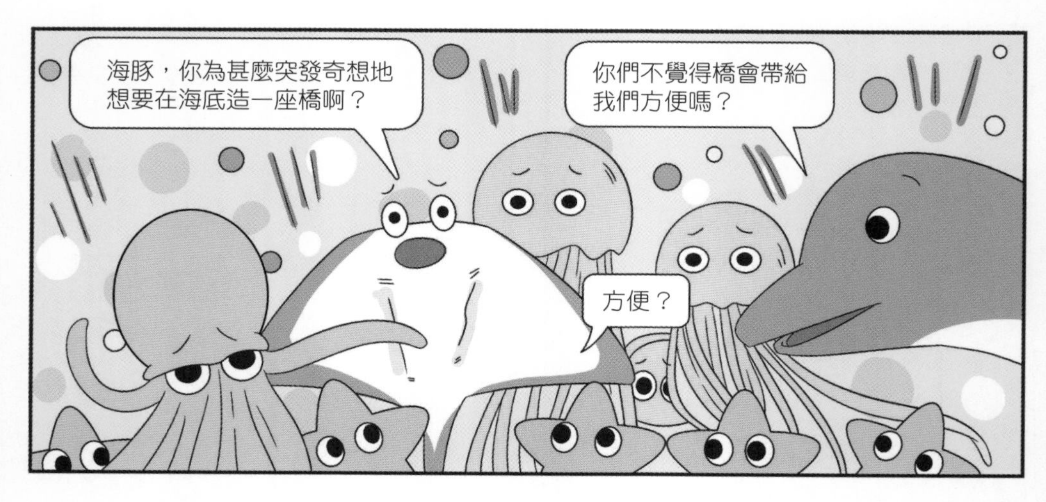
海豚，你為甚麼突發奇想地
想要在海底造一座橋啊？
你們不覺得橋會帶給
我們方便嗎？
方便？

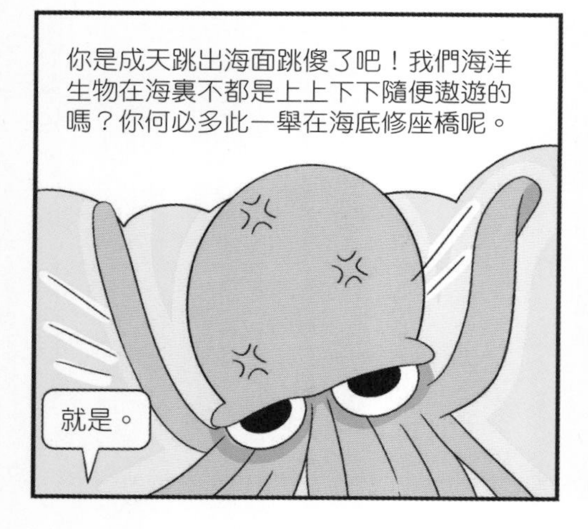
你是成天跳出海面跳傻了吧！我們海洋
生物在海裏不都是上上下下隨便遨遊的
嗎？你何必多此一舉在海底修座橋呢。
就是。

唉！沒意思！散了吧！

不！別走！你們都答應
我了啊！別走啊！不是
說好了一起造橋嗎？

怎麼換了件衣服的時間就
只剩海豚先生了？

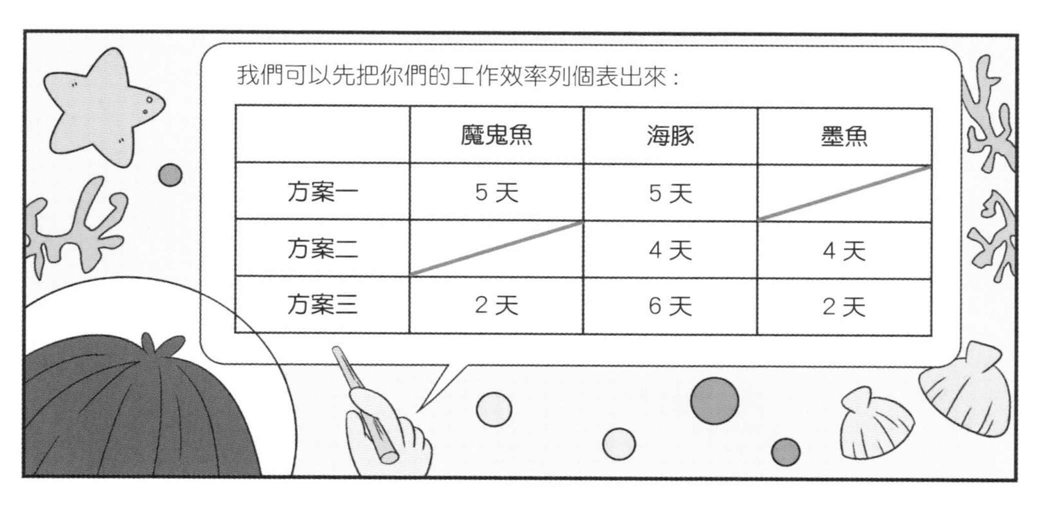

	魔鬼魚	海豚	墨魚
方案一	5 天	5 天	
方案二		4 天	4 天
方案三	2 天	6 天	2 天

把修建完海底橋的工作量看成是「1」，根據方案一和方案二可以看出來，魔鬼魚和海豚的工作效率和是 $\frac{1}{5}$，而海豚和墨魚的工作效率和是 1。

	魔鬼魚	海豚	墨魚
方案三	2 天	2 天	/
	/	2 天	2 天
	/	2 天	/

小海豚單獨工作兩天的效率就是：$1-(\frac{1}{5}\times2+\frac{1}{4}\times2)=\frac{1}{10}$，

那小海豚單獨工作一天的效率就是：$\frac{1}{10}\div2=\frac{1}{20}$，

所以，由小海豚單獨修建海底橋就需要：$1\div\frac{1}{20}=20$（天）。

還是把搭建海底橋的工作量看成是「1」，那麼海豚和魔鬼魚的工作效率和就是 $\frac{1}{5}$，海豚和墨魚的工作效率和就是 $\frac{1}{4}$，兩隻海豚加魔鬼魚和墨魚的工作效率和就是 $\frac{1}{4}+\frac{1}{5}=\frac{9}{20}$。

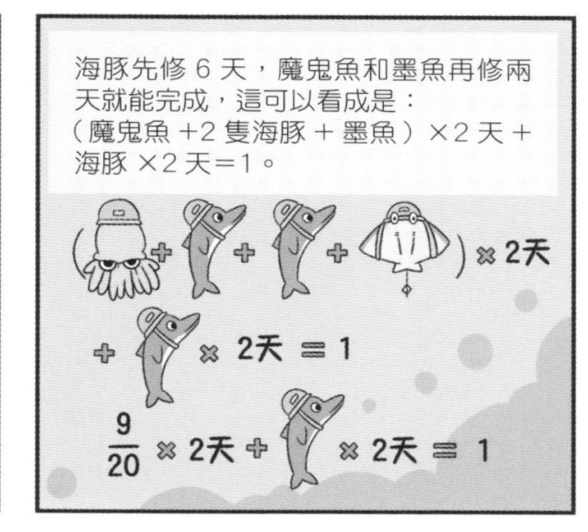

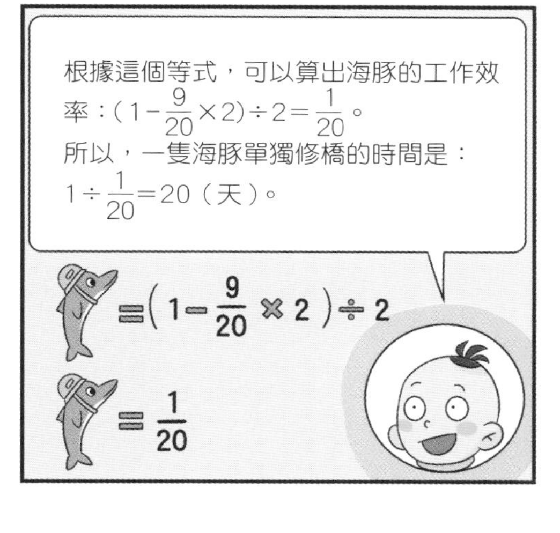

小海豚，我們可以先假設你要修兩座海底橋，然後就可以畫一張表出來：

	魔鬼魚	海豚	墨魚
方案一 ＋ 方案二	5 天	9 天	4 天
	4 天	12 天	4 天

根據這個表格，我們很容易看出來魔鬼魚 1 天的工作效率＝小海豚 3 天的工作效率啊。所以如果小海豚你一隻海豚修建的話，就需要3×5+5＝20（天）才能修建完成。
1 天
3 天

原來是這樣！我一隻海豚修橋居然要 20 天，這也太久了吧！

是啊！為了加快你修橋的進度，我們今天就來幫幫你吧！
不急，讓我再休息一天。

那你明天會開始修海底橋嗎？
應該會吧，今天過了，就還有 19 天。今天就讓我好好休息吧。

雖然和墨魚牠們說的一樣，海底並不需要橋，但你們以後可不能學小海豚這樣空想造橋啊！
知道了！阿柳博士！

14. 明察秋毫小青天
——比例的應用

三個小朋友接到一個特殊任務，替包青天大人去當一個月的開封府府尹。

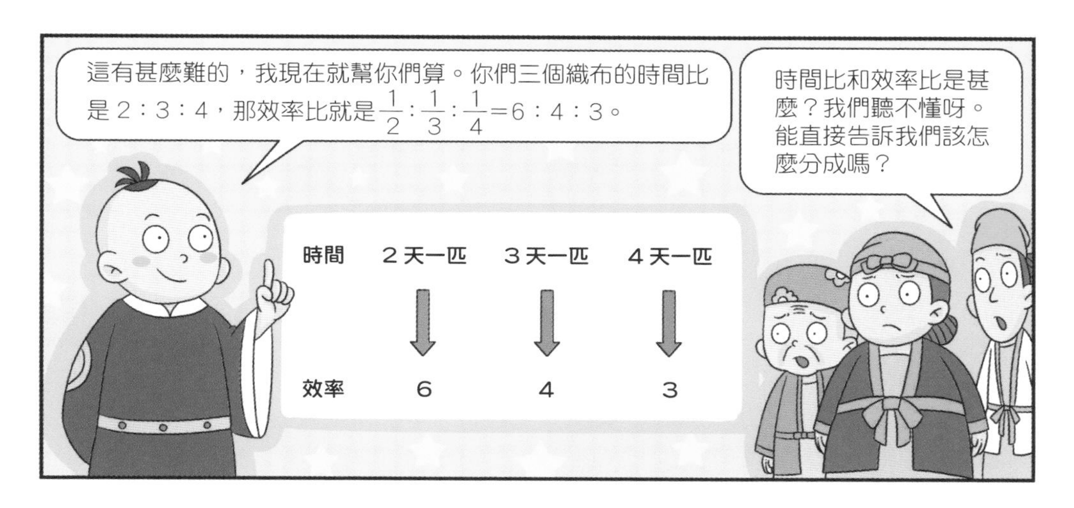

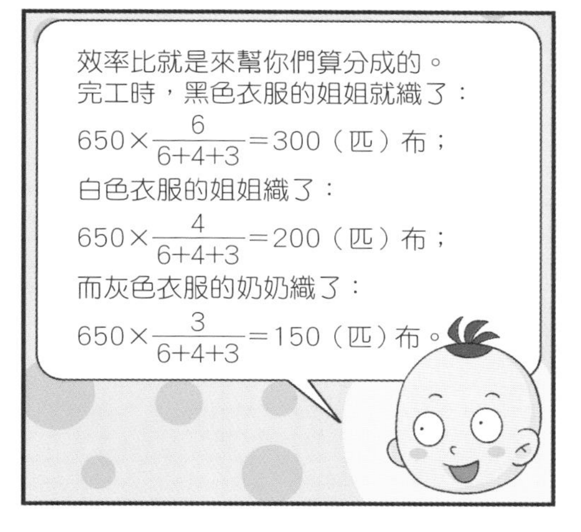

同一時間，一名捕快也啟程返回開封府。

見過大人，我回鄉探親現在正要回開封府。
快去吧，我去鄉下辦案。

百姓們堵在一家店門口。

青天老爺明鑒，這個奸商私自漲價。小人前兩天來買毛筆和硯台，發現他竟然私自提高了毛筆和硯台的價格。
漲價？

我本就是按照朝廷的規矩漲了 70 文的。不信，你問我們的青天大老爺。
確實最近的物價有小幅上漲。

他可不是小幅度上漲，之前他家硯台和毛筆的價格比是 7：3，漲價 70 文後，變成了 7：4，他家毛筆價格肯定有問題。
大人明鑒，小人這價格就是按規矩漲的。

你之前賣的毛筆和硯台價格是多少？
我記不清了。

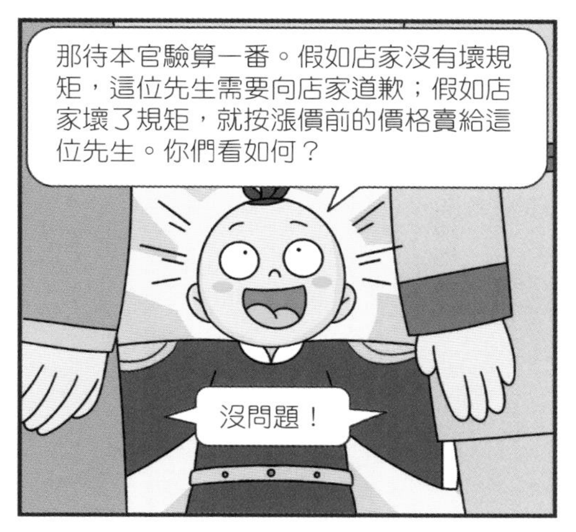
那待本官驗算一番。假如店家沒有壞規矩，這位先生需要向店家道歉；假如店家壞了規矩，就按漲價前的價格賣給這位先生。你們看如何？
沒問題！

該怎麼算原來硯台和毛筆的價格啊？
用比例呀。硯台和毛筆原先的價格比是 7：3，就假設硯台原來的價格是 $7x$ 文，毛筆原來的價格是 $3x$ 文。

漲價後的價格比是 7：4，能列出方程式 $\frac{7x+70}{3x+70}=\frac{7}{4}$。
$(7x+70)\times 4=(3x+70)\times 7$
$28x-21x=490-280$
$7x=210$
$x=30$

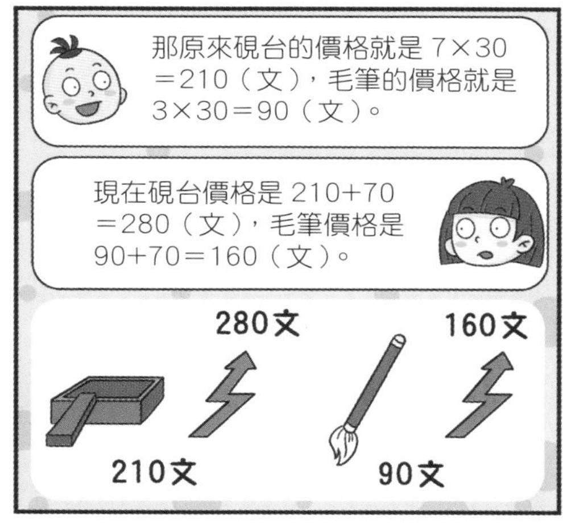
那原來硯台的價格就是 7×30＝210（文），毛筆的價格就是 3×30＝90（文）。
現在硯台價格是 210+70＝280（文），毛筆價格是 90+70＝160（文）。
280文
160文
210文
90文

看吧！果然有問題吧！
前後計算的價格確實沒甚麼問題。
那為甚麼價格比不一樣了？

把比例式看成一個分數，分子、分母同時加減相同的數，分數的結果是會變的；但是如果分子、分母乘相同的數，它的結果就不變。
看來是我錯怪了商家。
$\frac{1+1}{2+1}=\frac{2}{3}$ 變了
$\frac{1\times 1}{2\times 1}=\frac{1}{2}$ 沒變

現在知道我沒錯了吧！
漲價是沒問題，但你的價格定得也太高了吧！我要罰你把你家的毛筆和硯台降價 50 文出售。
大人教訓得對，我這就降價出售。
案子解決了，我們也回去吧。

開封府
終於回來了。
你走了這麼久嗎？我們和你相遇 1 天後就到鄉裏了。
參見大人，我也剛回來不久。
我是在我們相遇後的 2 天過 3 個時辰才到的開封府。

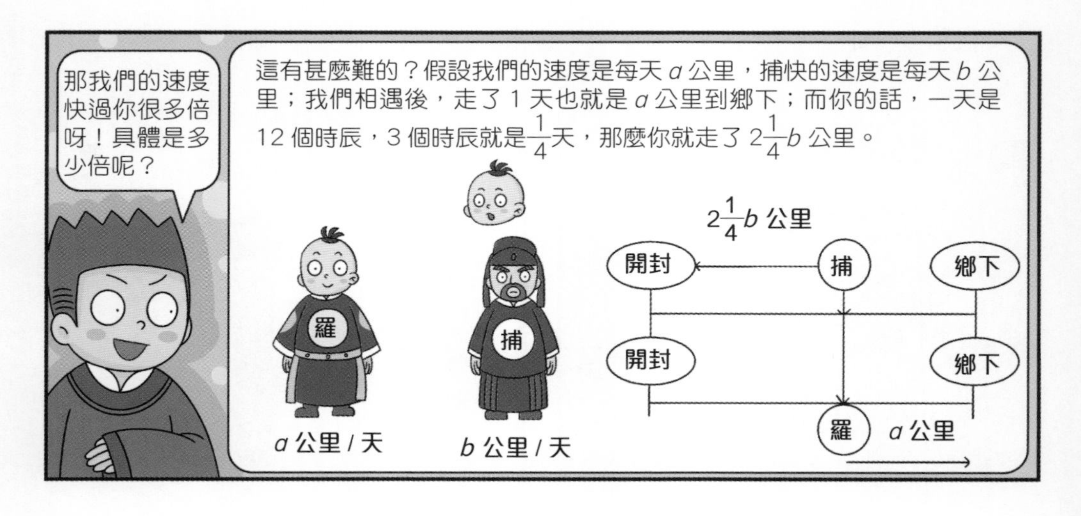

那我們的速度快過你很多倍呀！具體是多少倍呢？
這有甚麼難的？假設我們的速度是每天 a 公里，捕快的速度是每天 b 公里；我們相遇後，走了 1 天也就是 a 公里到鄉下；而你的話，一天是 12 個時辰，3 個時辰就是 $\frac{1}{4}$ 天，那麼你就走了 $2\frac{1}{4}b$ 公里。
羅
捕
a 公里 / 天
b 公里 / 天
$2\frac{1}{4}b$ 公里
開封
捕
鄉下
開封
鄉下
羅
a 公里

相遇之前，我們走過的路程就是 $2\frac{1}{4}b$ 公里，你走過的路程就是 a 公里。所以可以寫出比例式：$a:b=2\frac{1}{4}b:a$。
這是怎麼得出來的？
開
捕
羅
鄉
$2\frac{1}{4}b$ 公里
a 公里

$a:b$ 是你從鄉下到相遇地方的時間，$2\frac{1}{4}b:a$ 是我們從開封府出發到相遇地方的時間，這兩個時間是相等的。繼續解這個比例式，原式就可以變成 $\frac{9}{4}b^2:a^2$，繼續變形 $(\frac{a}{b})^2=\frac{9}{4}$，所以 $\frac{a}{b}=\frac{3}{2}$，換言之就是 $a=\frac{3}{2}b$。
我們的速度是你的速度的 $\frac{3}{2}$ 倍。捕快叔叔怎麼走這麼慢呀，是不是路上偷懶了？
我只是在路上看了看風景而已。

哈哈哈！沒想到阿柳博士你的學生這麼聰明！
包大人！阿柳博士！

你們做得很好呀！為百姓伸張正義，懲惡揚善！是合格的地方官！
我們沒有包大人做得好呢！

15. 喚醒阿柳博士——不規則物體體積

阿柳博士怎麼喊
不醒呢？

主人昨晚做實驗太過沉迷，把自己的意
識都沉在腦海裏，已經出不來了。
怎麼辦呀？

你們去他的夢裏把
他喚醒吧！

怎麼樣？小柳兒。這個鐵圓柱能不能
放進這個裝有水的圓柱形容器裏呢？

阿柳博士
小時候叫
小柳兒！
等等……那是阿基米德？
就是那個古希臘的偉大的
數學家、物理學家還有甚
麼來着？

還是發明家、工程師、天文學家、靜態力學和流體靜力學的奠基人。只有阿柳博士完成阿基米德的挑戰，我們才能去往阿柳博士更深層的夢境空間。

小……小柳兒、阿基米德先生，我們可以幫忙。
太謝謝你們了。

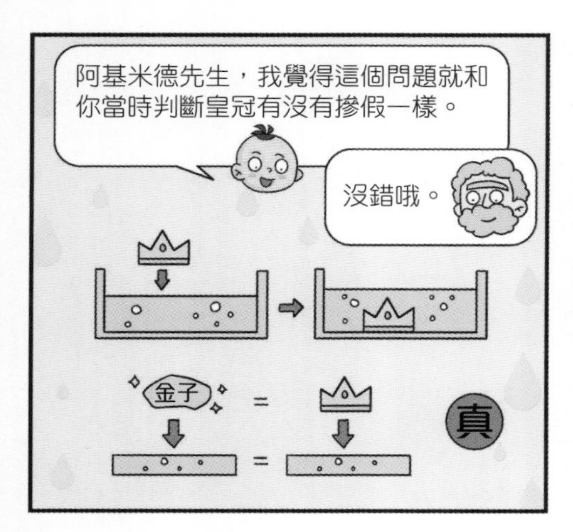
阿基米德先生，我覺得這個問題就和你當時判斷皇冠有沒有摻假一樣。
沒錯哦。
金子
=
=
真

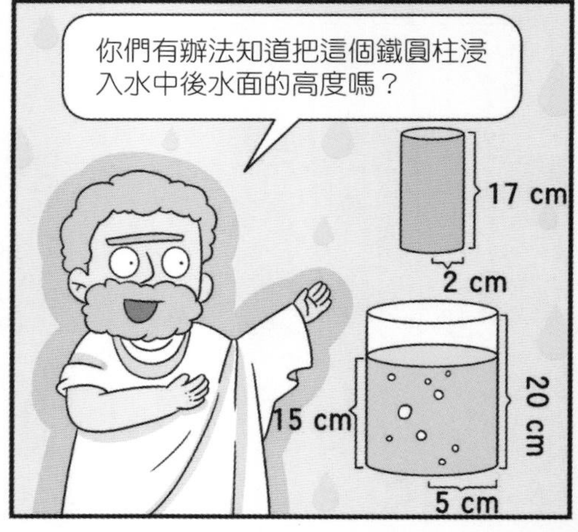
你們有辦法知道把這個鐵圓柱浸入水中後水面的高度嗎？
17 cm
2 cm
15 cm
20 cm
5 cm

當然有辦法了。把這個鐵圓柱浸入水中後，水的體積應該是原有水的體積加上圓柱體在水中的體積之和。假如圓柱體能完全浸入水中，水深就應該是 $\frac{5^2\times\pi\times15+2^2\times\pi\times17}{5^2\times\pi}$，最後算出來水深應該是 17.72 cm。
17.72>17，所以這個鐵圓柱可以完全沒入水中。
水
+ 鐵圓柱

看來我們要前往更深一
層的夢境了。

我們怎麼變成三個正方形
的水池了？

阿柳，你看這三個正方形水
池和兩堆石塊。
不會是要把石頭扔進水池裏，
算這堆石頭的體積吧？
6 m
3 m
2 m

感謝你的提醒。
丟！

我的水面高度上升了 4cm。

你們猜猜我的水面高度上升了多少呢？嘿嘿，上升了多少呢？
別調皮了，趕緊說吧！

我的水面高度上升了 6cm。
還記得皇冠問題和鐵圓柱能不能浸入水中的問題嗎？
點頭～

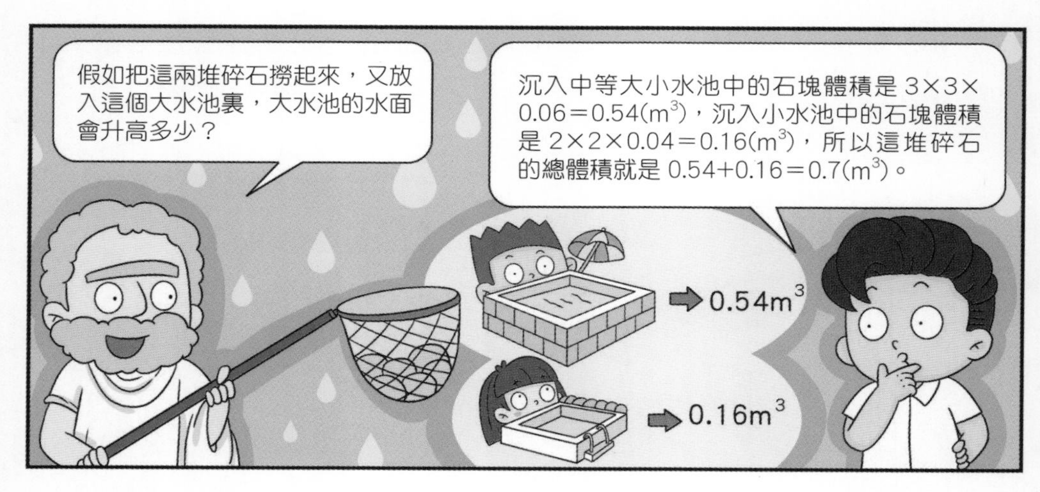
假如把這兩堆碎石撈起來，又放入這個大水池裏，大水池的水面會升高多少？
沉入中等大小水池中的石塊體積是 $3\times3\times0.06=0.54(m^3)$，沉入小水池中的石塊體積是 $2\times2\times0.04=0.16(m^3)$，所以這堆碎石的總體積就是 $0.54+0.16=0.7(m^3)$。
$0.54m^3$
$0.16m^3$

阿柳說得對！阿柳太棒了！

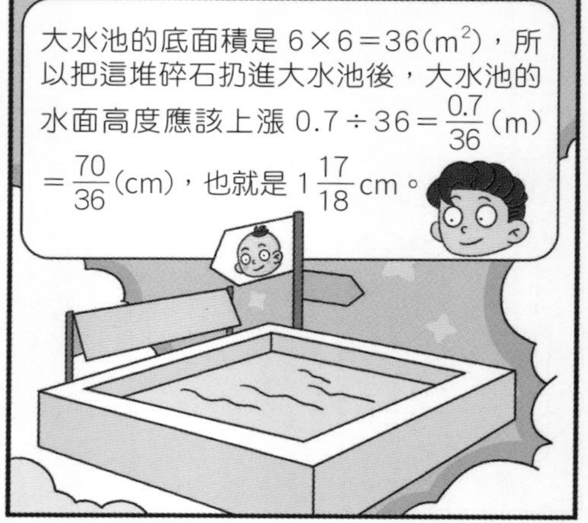
大水池的底面積是 $6\times6=36(m^2)$，所以把這堆碎石扔進大水池後，大水池的水面高度應該上漲 $0.7\div36=\frac{0.7}{36}(m)=\frac{70}{36}(cm)$，也就是 $1\frac{17}{18}$ cm。

不錯，不錯。真聰明。
我又開始變身了。

這又是到甚麼地方了？

這下變成了三個球。
怎麼這次沒見阿柳博士和阿基米德先生呢？

是之前遇到的三個小朋友吧？
是的！您看見阿柳博士了嗎？

這就是阿柳了。
他怎麼變成了這個樣子？
裝有$\frac{3}{4}$的水

他在夢裏變成了這樣，用一道他感興趣的數學題才能把他喚醒。
我準備好了！

我先把你沉到水中。

再撈出來。

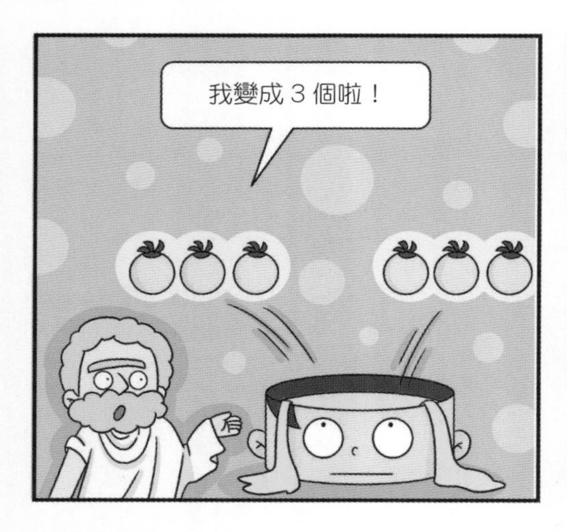
我變成 3 個啦！

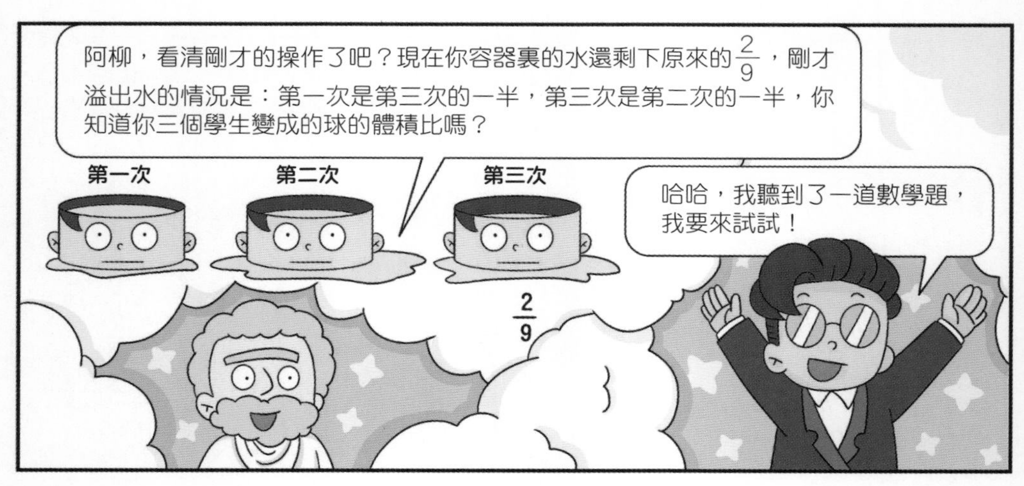
阿柳，看清剛才的操作了吧？現在你容器裏的水還剩下原來的 $\frac{2}{9}$，剛才溢出水的情況是：第一次是第三次的一半，第三次是第二次的一半，你知道你三個學生變成的球的體積比嗎？
第一次
第二次
第三次
$\frac{2}{9}$
哈哈，我聽到了一道數學題，我要來試試！

阿柳博士，你快醒醒啊！

一共溢出了的$\frac{3}{4}\times(1-\frac{2}{9})=\frac{7}{12}$的水，那麼大球的體積就是$\frac{1}{4}+\frac{3}{4}\times(1-\frac{2}{9})=\frac{5}{6}$。

根據第一次溢出的水是第三次的一半，第三次溢出的水是第二次的一半，則三次溢出的水量比就是 1：4：2。
阿基米德先生，是這樣嗎？

第一次溢出了$\frac{7}{12}\times\frac{1}{7}=\frac{1}{12}$的水，第二次溢出了$\frac{7}{12}\times\frac{4}{7}=\frac{1}{3}$的水，第三次溢出了$\frac{7}{12}\times\frac{2}{7}=\frac{1}{6}$的水。那麼中球的體積就是$\frac{1}{4}\times\frac{1}{12}=\frac{1}{3}$，小球的體積是$\frac{1}{3}\times(\frac{1}{3}+\frac{1}{3})=\frac{2}{9}$，所以$V_{大}:V_{中}:V_{小}=\frac{5}{6}:\frac{1}{3}:\frac{2}{9}=15:6:4$。
又起霧了。

終於變回人了。
阿柳博士在那裏。

你的學生們來了，你也該醒過來了。
那以後還有機會見面嗎？

我不是隨時都在和你們見面嗎？你們運用着我留下的知識，這就是在和我對話啊。

去吧，讓我好好休息會兒。
ARCHIMEDES
3:2

走吧，阿柳博士，您都睡了好久啦！
嘿嘿。

16. 奇妙的馬戲團之夜
——圓柱與圓錐的應用

孩子們！看看這是
甚麼好東西？
嘩！是馬戲團
的門票！

這是我馬戲團的
一個朋友送給我
的票。今晚是三
角形和梯形的聯
合演出，不要遲
到了哦！
好！
馬戲團

各位觀眾朋友們，
感謝你們的捧場！
演出馬上就要開始
了！大家做好準備
了嗎？

第一個環節，兄弟大比拼！
我是弟弟！
我是哥哥！
4
3
4
3

今天，我們就要在這個舞台上，用體
積一較高下！

好！
好！

我們旋轉成了圓錐，猜猜看我們中誰的體積更大吧。
3
4

他們都是面積一樣的直角三角形旋轉成為的圓錐體，體積應該差不多吧！
那可不一定。

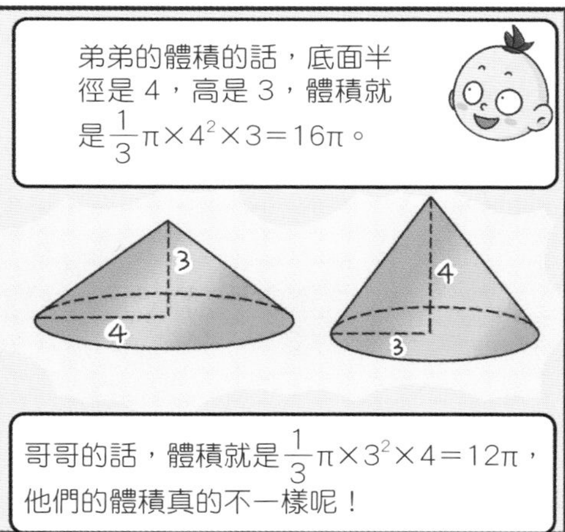
弟弟的體積的話，底面半徑是 4，高是 3，體積就是$\frac{1}{3}\pi\times4^2\times3=16\pi$。
3
4
4
3
哥哥的話，體積就是$\frac{1}{3}\pi\times3^2\times4=12\pi$，他們的體積真的不一樣呢！

弟弟體積更大一點 —— 看！弟弟果然獲勝了！
好！

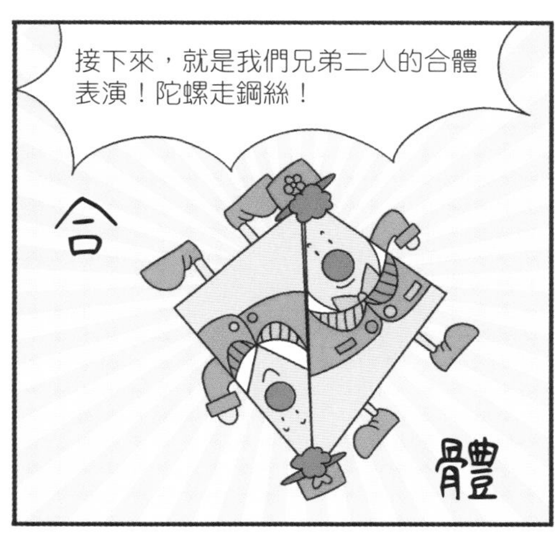
接下來，就是我們兄弟二人的合體表演！陀螺走鋼絲！
合
體

啪啪啪！
那他們的體積，是不是就變成 16π+12π=28π 了呀？

並不是，他們現在是以長度為 5 的邊為軸抱在一起旋轉的，可以看成是底面半徑都為 $\frac{12}{5}$ 的兩個圓錐底部相接。
3
3
$\frac{12}{5}$
5
4
4

所以說，這個陀螺的體積就是 $\frac{1}{3}\pi\times(\frac{12}{5})^2\times5=\frac{48}{5}\pi$。
沒想到，面積相等的三角形繞着不同的邊旋轉的話，得到的體積是不一樣的！

接下來，由我們的梯形小姐帶來精彩的旋轉舞！
6
3
3

大家好！
啪啪啪！

嘩！變成了一個小房子！
是一個圓柱加圓錐。
也就意味着，梯形小姐這樣旋轉的體積是
$3^3\pi+3^3\pi\times\frac{1}{3}=36\pi\approx113.04$。
3
3
3

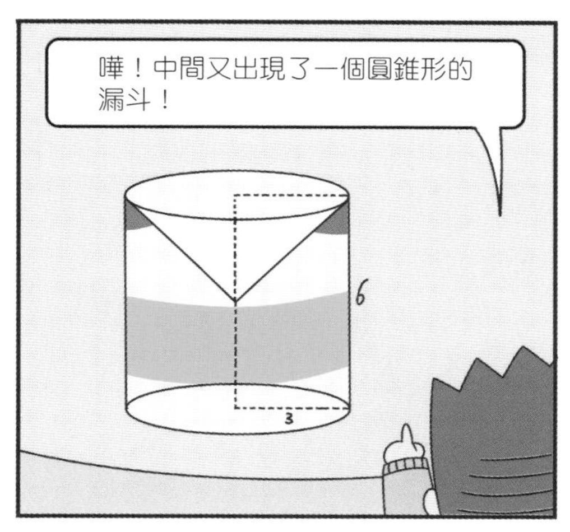

嘩！中間又出現了一個圓錐形的漏斗！
6
3

這樣的話，體積又不同了，變成了
$3^2\pi\times6-3^3\pi\times\frac{1}{3}=45\pi\approx141.3$。

感謝大家！最後，就讓我用盛大的魔術來結束這個演出吧！

這是 0.25mm 厚度的銅版紙。

我們把它捲起來，它的外直徑是180cm，內直徑是 50cm。

現在我把它全部展開 —— 猜中這卷紙有多長的觀眾可以獲得一份神秘大禮包哦！

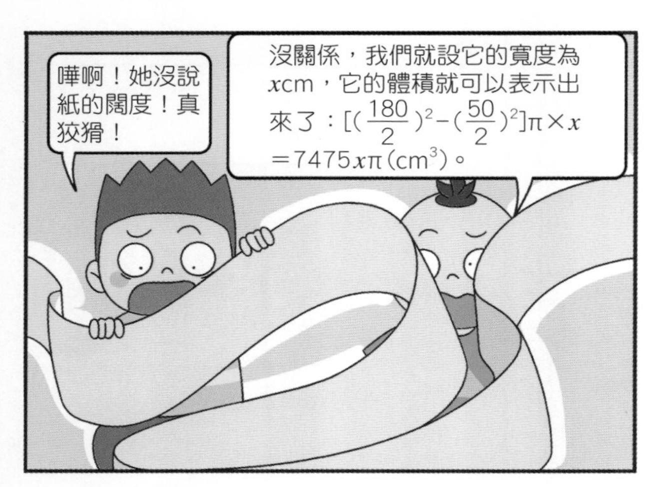
嘩啊！她沒說紙的闊度！真狡猾！
沒關係，我們就設它的寬度為 $x$cm，它的體積就可以表示出來了：$[(\frac{180}{2})^2-(\frac{50}{2})^2]\pi\times x=7475x\pi(cm^3)$。

要算出那紙板的總長度就簡單了！$7475x\pi\div0.025x=938860$(cm)，以米（m）為單位就是 9388.6m！

真棒！這卷紙作為禮物送給你們啦！
啊？這麼長一卷紙，我們要放在哪裏呀？

17. 柏拉圖學園——關於正多面體

雅典
在雅典古城的郊外有這樣一座公園，公園被稱為柏拉圖學園，學園的門楣上刻着一句話。

我知道！肯定是：不知道自己的無知，乃是雙倍的無知。
雖然這話也是柏拉圖說的，但這並不是刻在這裏的話。

刻在這裏的話是：不習幾何者，不得入內。這個幾何不是現代意義上的幾何學，而是數學的統稱。柏拉圖認為想要成為哲學家，了解數學是必由之路。

那我們幾個之中不是只有阿柳博士才能進去了？
不，我們幾個中只有你進不去。

不習幾何者，不得入內。
到門口了，我們快進去吧。

站住！沒看到門楣上寫的嗎？不習幾何者，不得入內。你們都學習幾何了嗎？

你說學習了就學習了嗎？讓我正四面體來檢查檢查。
學習了，學習了！

你，就是你這個話多的小朋友。我問你啊，地球上有幾種正多面體？
原來是正四面體啊，我剛才還以為是一個三角形跳出來了呢。

正多面體的種類那可多了去了。比如說你，就是個正四面體；以此類推，肯定還有正五面體、正六面體、正七面體之類的吧！
錯！錯！

地球上只有 5 種正多面體，分別是正四面體、正六面體、正八面體、正十二面體和正二十面體。這 5 種多面體又被稱為柏拉圖多面體。

這個大人說得沒錯，地球上確實只有 5 種正多面體哦。恭喜你，獲得了進入柏拉圖學園的資格。
我們呢？我們呢？我們也要進去。
還有我，還有我！我也要進去！

甚麼你們？想要進去就得證明你們是懂幾何的。
怎麼證明？

你們要拿這些圖形拼成剛才這個大人說的正多面體才行。

我先來，看我先拼出一個正四面體來！
正四面體

拼得不錯，但是和我一樣的不算，除非你說出我有甚麼性質。
你有 4 個點、4 個面和 6 條稜。像甚麼呢？我想想……金字塔算嗎？

金字塔可不是正四面體，它有四個側面和一個底面啊。

那就是粽子！粽子肯定是正四面體吧！
粽子是甚麼？我沒有見過。

現在我可以進去了吧？
不行，你們三個一起拼出來五個正多面體才行！

第二個已經拼好了！就是它 —— 正方體，也是正六面體。它的 6 個面都是正方形，是由 6 個正方形組成的！它還有 8 個頂點、12 條稜。
正六面體

我好像可以拼出來正八面體了！
不錯不錯，還有三個呢？

首先，先拼出一個金字塔形狀的四稜錐。

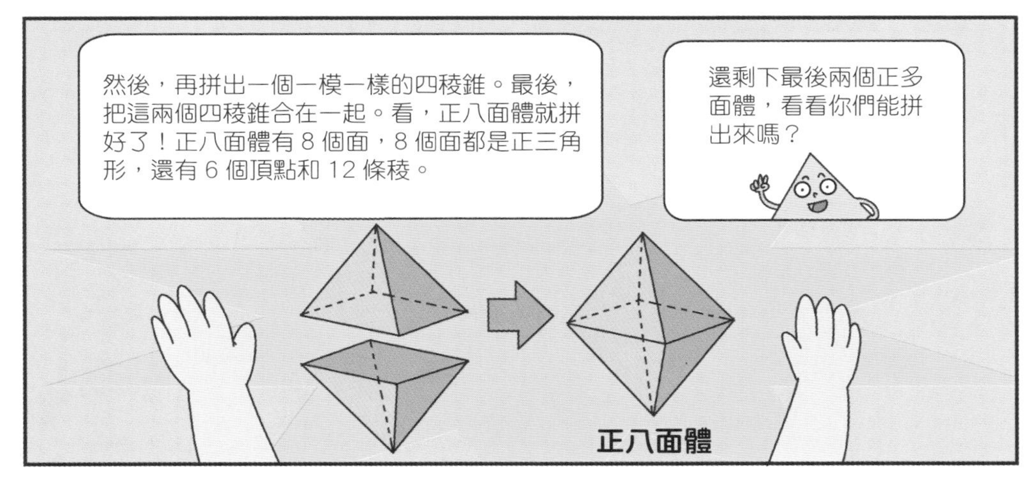
然後，再拼出一個一模一樣的四稜錐。最後，把這兩個四稜錐合在一起。看，正八面體就拼好了！正八面體有 8 個面，8 個面都是正三角形，還有 6 個頂點和 12 條稜。
還剩下最後兩個正多面體，看看你們能拼出來嗎？
正八面體

還剩下正五邊形
和正三角形，該
用哪一個呢？
用正五邊形拼正
十二面體！
小聲

警告一次！再提醒
他們一次你也別進
去了！

告訴你們是正
五邊形了，快
開始吧！
快試試吧！

拼好了！正
十二面體！
長得像足球，
但又和足球不
一樣。
正十二面體

正十二面體有 12 個
面，每個面都是正五
邊形，還有 30 條棱
和 20 個頂點。

不錯，還剩最後
一個正多面體，
拼出來你們就可
以進去了。
正二十面
體！唉！

別歎氣了！打起精神來，夥伴們！臨門一腳可不能放棄啊！
這根本拼不了啊！

只剩下正三角形了！一定是用正三角形來拼出正二十面體。我們快動手試試！

哈哈！我們拼出來正二十面體了！正二十面體有 20 個面，每個面都是正三角形，還有 12 個頂點和 30 條稜。
正二十面體

回答正確。好了，你們可以進去參觀了。希望你們記得我們柏拉圖多面體啊！
一定會的！

其實柏拉圖多面體不全是柏拉圖發現的。
那為甚麼叫柏拉圖多面體啊？

因為這些立體圖形，都是因柏拉圖和他的追隨者對它們所作的研究而發現的，它們具有高度的對稱性和次序感，通常被稱為正多面體，也叫柏拉圖多面體。
聽起來還蠻有意思的。

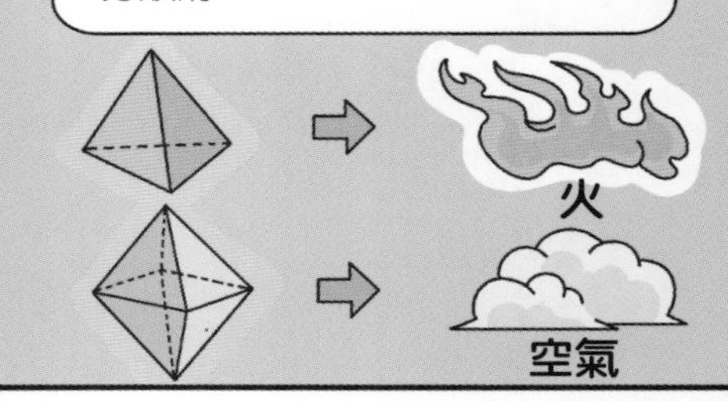
柏拉圖還把這些多面體和自然界的元素相對應。火的熱令人感到尖銳和刺痛，所以正四面體代表火；空氣的代表是正八面體，因為它是極細小的結合體，並且十分順滑。
火
空氣

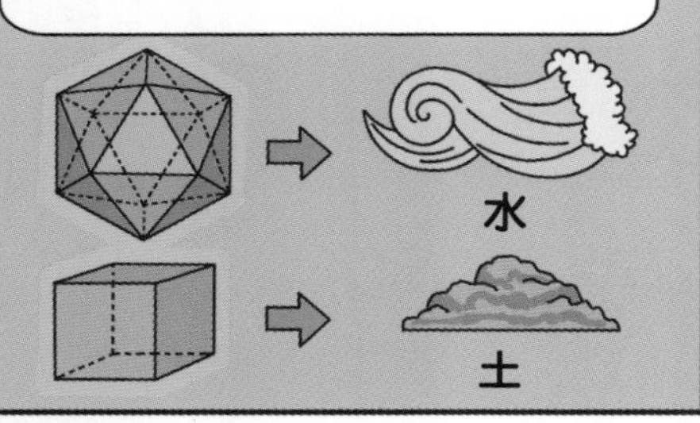
水的代表是正二十面體，它會從人的指尖流出，就像許多的小球；土和其他元素不一樣，它可以被堆疊，所以用正方體代表它。
水
土

最後是正十二面體，柏拉圖是這樣說的：「神使用正十二面體以整理整個天空的星座。」因此，他的學生亞里士多德添加了第五種元素——以太，並認為天空是用此組成的，但是並沒有和正十二面體聯繫。

沒想到柏拉圖多面體還有這麼多的知識。
不止，到了文藝復興的時候，天文學家開普勒將這五個正多面體與五個行星相對應，分別是水星、金星、火星、木星和土星。

他們走在柏拉圖學園裏，阿柳博士繼續給他們講知識，就像是當初的柏拉圖和一眾弟子在這裏討論的樣子。

18. 柳卡圖——柳卡問題

好險！

嘩，博士，你的新發明好厲害哦！我來試試！

縮小 ——

這裏的小草有鋸齒，好危險啊。
我們去東邊那片草坪吧，那裏的草沒有鋸齒。而且那裏不遠處有片小荷塘，我在那裏種了許多好看的花。

我不行了，博士，我必須得歇一歇。
博士，待會兒我們怎麼變回去呢？

速度……
時間……
相遇……
縮小燈的作用時間只有一個小時，一個小時之後我們自己就變回去了。
我們在這裏休息一會兒。

那邊有人在吵架。
有點類似於柳卡問題。
甚麼是柳卡問題？

是法國數學家柳卡向許多著名數學家提出的一個被他稱為「最困難」的問題。
甚麼問題？

某輪船公司每天中午都有一艘輪船從哈佛開往紐約，並且在每天的同一時刻也有一艘輪船從紐約開往哈佛。輪船在途中所花的時間來去都是七個晝夜，並且，都是勻速航行在同一條航線上。問：今天中午從哈佛開出的輪船，在開往紐約的整個航行的途中，將會遇到幾艘同一公司的輪船從對面開來？

當時許多數學家都被難倒了，有人回答 7 艘，但顯然是沒有把已在海上航行的輪船考慮進去的。又有人回答 14 艘，但這也是錯誤的。
7
14
啊？

15 艘嗎？
正確！
你是怎麼想到的？

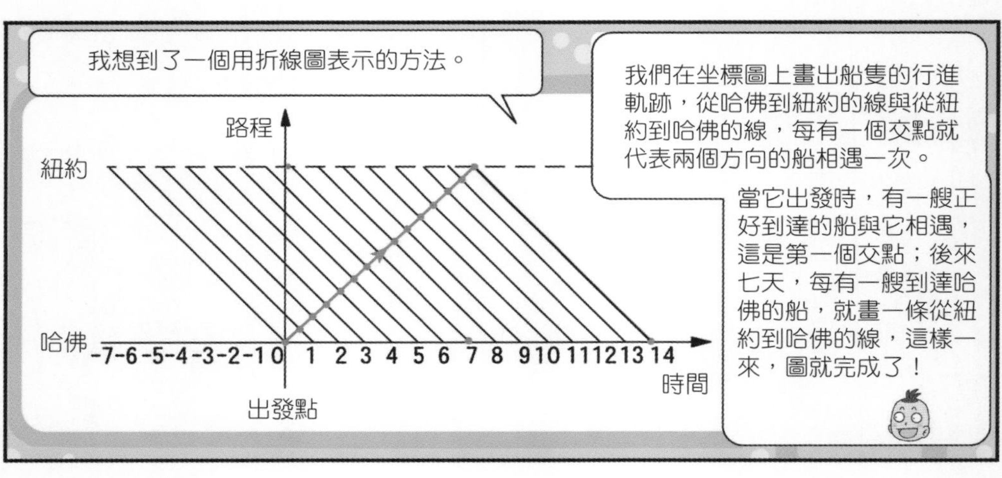
我想到了一個用折線圖表示的方法。
我們在坐標圖上畫出船隻的行進軌跡，從哈佛到紐約的線與從紐約到哈佛的線，每有一個交點就代表兩個方向的船相遇一次。
當它出發時，有一艘正好到達的船與它相遇，這是第一個交點；後來七天，每有一艘到達哈佛的船，就畫一條從紐約到哈佛的線，這樣一來，圖就完成了！
路程
紐約
哈佛
-7 -6 -5 -4 -3 -2 -1 0 1 2 3 4 5 6 7 8 9 10 11 12 13 14
時間
出發點

根據完成的圖，可以看出在哈佛開向紐約輪船的航行路線中，一共有 15 個交點，也就是和 15 艘從紐約開往哈佛的輪船相遇了。
#￥%%￥……%&……%
￥#%&…………￥%……
#%%……%……&……%
完全正確！
要不我們過去看看吧？

明明就只相遇了16次！
你連數數都不會？
你動動你的腦子
算算吧。

停！有話好好說。

你們來幫我
評評理！
對！看看誰才
是有理的！
到底怎麼回事？

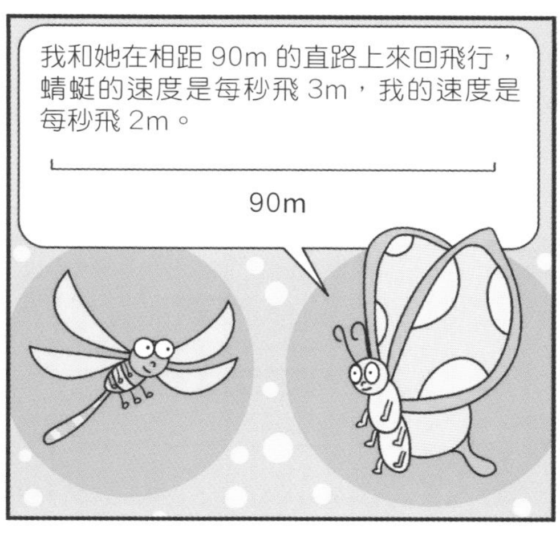
我和她在相距 90m 的直路上來回飛行，
蜻蜓的速度是每秒飛 3m，我的速度是
每秒飛 2m。
90m

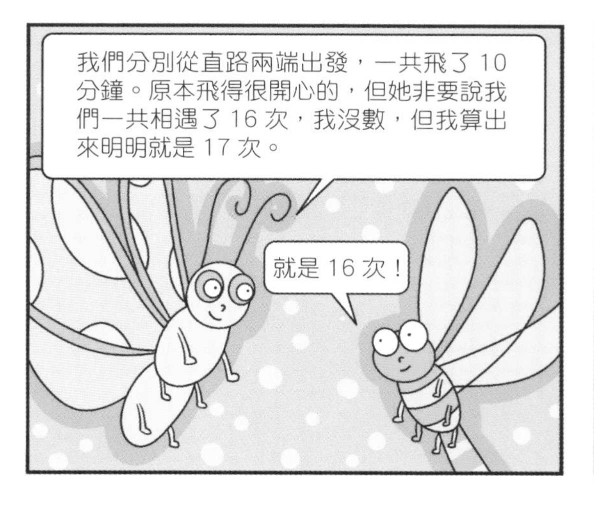
我們分別從直路兩端出發，一共飛了 10
分鐘。原本飛得很開心的，但她非要說我
們一共相遇了 16 次，我沒數，但我算出
來明明就是 17 次。
就是 16 次！

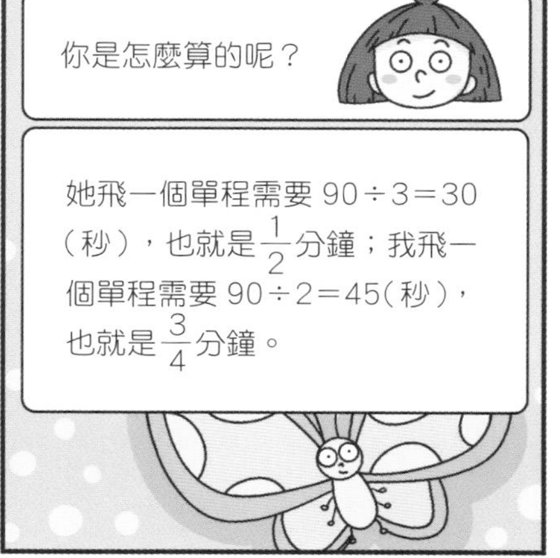
你是怎麼算的呢？
她飛一個單程需要 90÷3＝30（秒），也就是 $\frac{1}{2}$ 分鐘；我飛一個單程需要 90÷2＝45(秒），也就是 $\frac{3}{4}$ 分鐘。

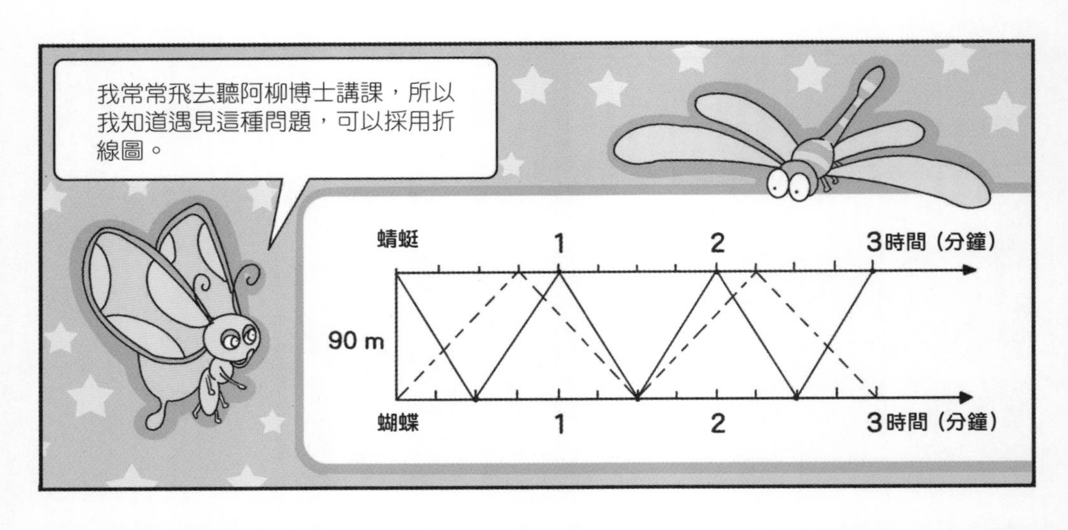
我常常飛去聽阿柳博士講課，所以我知道遇見這種問題，可以採用折線圖。
蜻蜓
1
2
3時間（分鐘）
90 m
蝴蝶
1
2
3時間（分鐘）

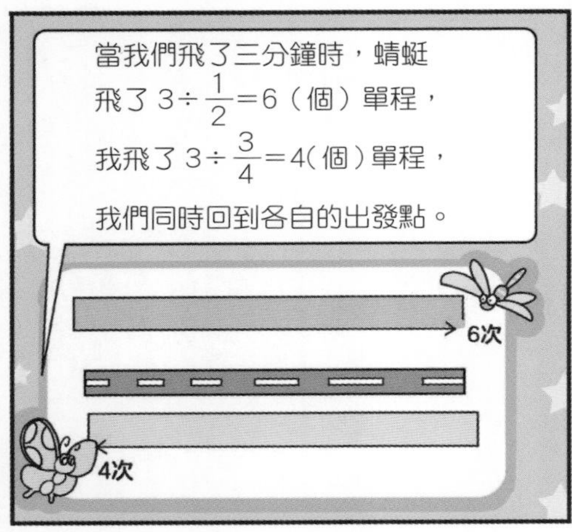
當我們飛了三分鐘時，蜻蜓飛了 $3 \div \frac{1}{2} = 6$（個）單程，我飛了 $3 \div \frac{3}{4} = 4$（個）單程，我們同時回到各自的出發點。
6次
4次

在這 3 分鐘裏，我們一共相遇了 5 次，所以當飛到 9 分鐘時，我們一共相遇了 3×5＝15（次），同時，最後一分鐘與第一分鐘情況相同，相遇了 2 次。

所以一共是 17 次。
嗚嗚嗚……

你怎麼了？
我找不到朋友要我帶回去的花蜜了。

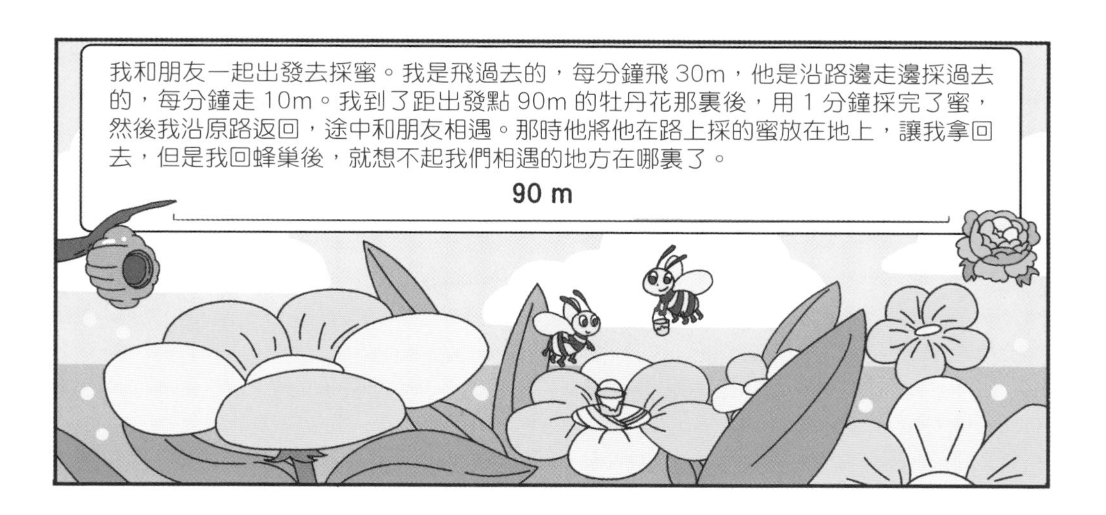
我和朋友一起出發去採蜜。我是飛過去的，每分鐘飛 30m，他是沿路邊走邊採過去的，每分鐘走 10m。我到了距出發點 90m 的牡丹花那裏後，用 1 分鐘採完了蜜，然後我沿原路返回，途中和朋友相遇。那時他將他在路上採的蜜放在地上，讓我拿回去，但是我回蜂巢後，就想不起我們相遇的地方在哪裏了。
90 m

我知道。你飛一個單程需要 90÷30＝3（分）；你朋友走一個單程需要 90÷10＝9（分）。
我們用 AB 表示從蜂巢到牡丹花的距離，你到牡丹花那裏花了 3 分鐘，採蜜 1 分鐘，原路返回花了 3 分鐘，所以你從蜂巢出去再回來一共花了 7 分鐘（實線），而你朋友到牡丹花要花 9 分鐘（虛線）。

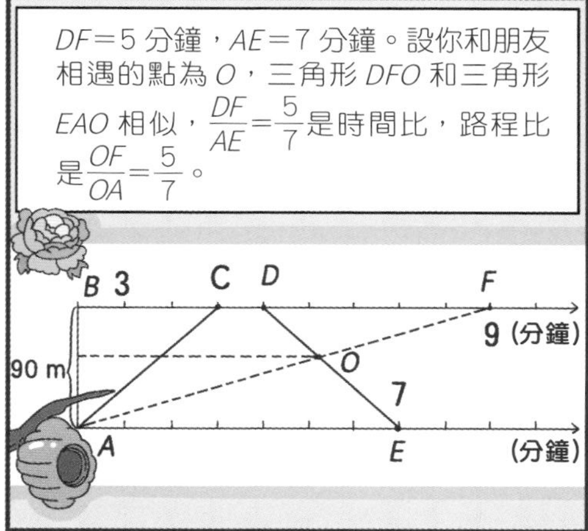
DF＝5 分鐘，AE＝7 分鐘。設你和朋友相遇的點為 O，三角形 DFO 和三角形 EAO 相似，$\frac{DF}{AE}=\frac{5}{7}$是時間比，路程比是$\frac{OF}{OA}=\frac{5}{7}$。
B 3
C
D
F
9 (分鐘)
90 m
O
7
A
E
(分鐘)

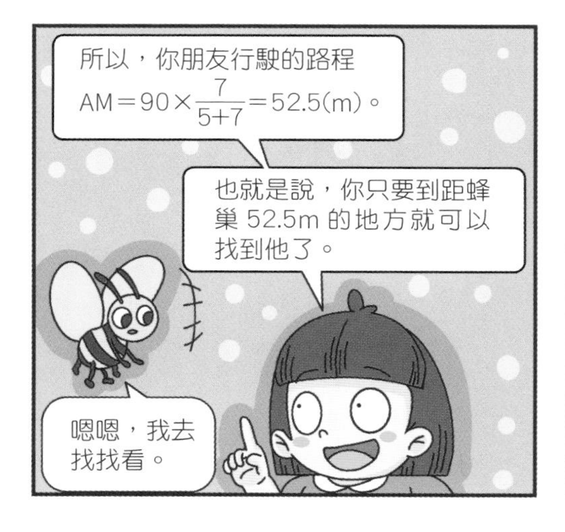
所以，你朋友行駛的路程 $AM=90\times\frac{7}{5+7}=52.5(m)$。
也就是說，你只要到距蜂巢 52.5m 的地方就可以找到他了。
嗯嗯，我去找找看。

真是太謝謝你們啦！你們願意到蜂巢去玩嗎？我請你們吃蜂蜜。
我還沒去過蜂巢做客呢，走，我們去看看。

轟——

砰——

突然變回來還有點不適應。
幸好還沒進去，不然就把蜜蜂們辛苦建造的家園撐破了。
哈哈哈哈！

再見小蜜蜂！
還是下次再請客吧……

19. 星空探測隊——再探行程問題

怎麼樣？這艘
三角形星的星
艦豪華吧？
嘩！太豪華了！

不過阿柳博士，三角形星為
甚麼會把這麼大的星艦借給
我們啊？

三角形星最近發現了一片新的星
域，想讓我們來幫忙探索一下。

阿柳博士，這地
圖一片漆黑，我
們進去不是兩眼
一抹黑嗎？
直接把星艦
開進去嗎？
未知領域！

我和李沖沖先開兩
艘先鋒艦進去探探
情況。
Yes！Sir！

首先，我們得規劃好最多
能深入這片星域的距離。
有甚麼參考
的數據幫忙
規劃嗎？

他們兩艘先鋒艦最多能攜帶 40 管能量。
每艘先鋒艦限量 20 管
每管能量可以讓先鋒艦行駛 50 萬公里，我們還要留夠能量保證兩艘先鋒艦可以回到星艦上。所以，能規劃出我們最多探測多遠的距離嗎？
這還不簡單嗎？

用 10 管能量往裏面探索，留 10 管回來不就得了。那我和阿柳博士最遠就能到達 10×50 萬＝500 萬（千里）遠的地方。
10 管能量
10 管能量

不對哦，我們要盡可能地往星域的深處探索，可以最後由我一個人前往，你在原地等我。
!?
停留

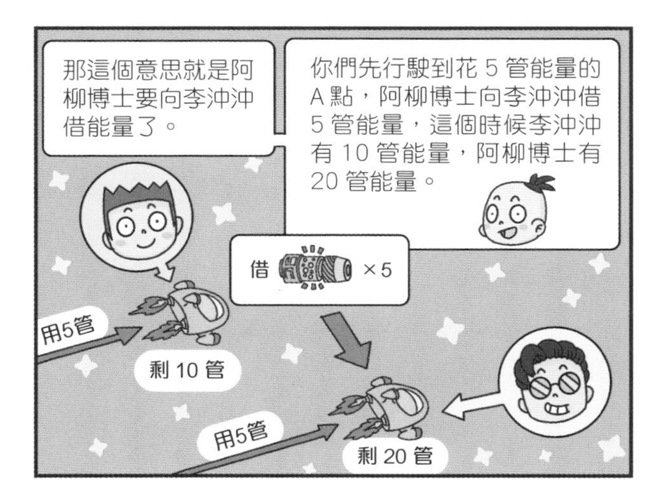
那這個意思就是阿柳博士要向李沖沖借能量了。
你們先行駛到花 5 管能量的 A 點，阿柳博士向李沖沖借 5 管能量，這個時候李沖沖有 10 管能量，阿柳博士有 20 管能量。
借 ×5
用5管
剩 10 管
用5管
剩 20 管

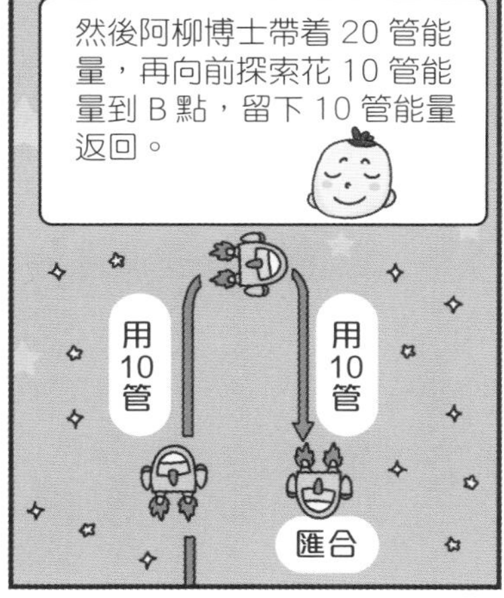
然後阿柳博士帶着 20 管能量，再向前探索花 10 管能量到 B 點，留下 10 管能量返回。
用10管
用10管
匯合

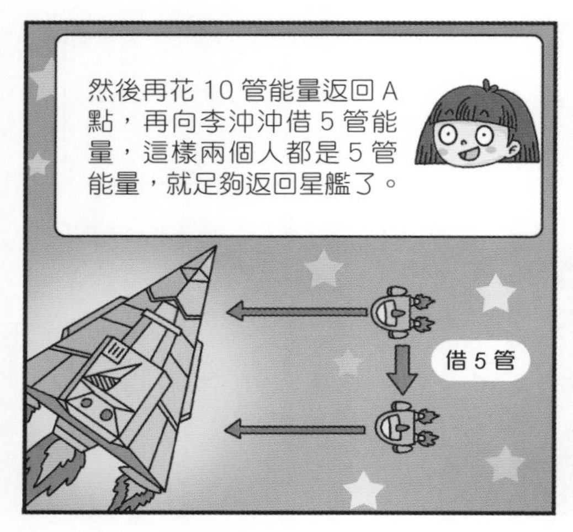
然後再花 10 管能量返回 A 點，再向李沖沖借 5 管能量，這樣兩個人都是 5 管能量，就足夠返回星艦了。
借 5 管

所以，我們最遠能探測的距離是用 15 管能量到達的地方。那就是 15×50 萬＝750 萬（公里）遠的地方。

希望他們安全回來。

他們到達的地方亮起來啦！

開先鋒艦好玩嗎？
還挺過癮的，就是中間等阿柳博士那段時間有點無聊。
降落

走吧，我們到剛剛我探索到的地方去。

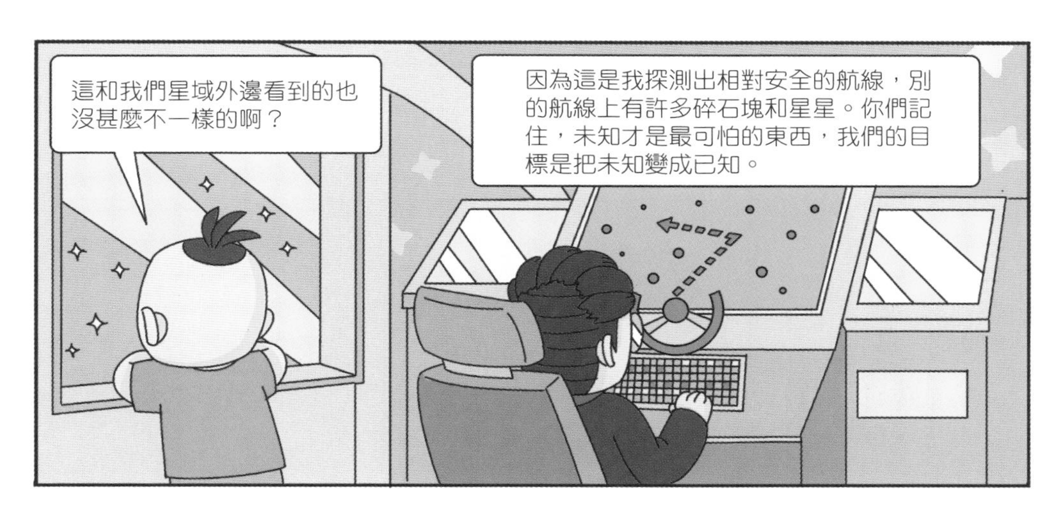
這和我們星域外邊看到的也沒甚麼不一樣的啊？
因為這是我探測出相對安全的航線，別的航線上有許多碎石塊和星星。你們記住，未知才是最可怕的東西，我們的目標是把未知變成已知。

有陌生信號接入！

喂？請問你們是甚麼身分？
我們是這片星域的原住民，我們需要驗證你們是否構成威脅。

我們是三角形星請來探索這片星域的，沒有任何敵意。
那你們出來接受檢查。

我們 4 個人可以出來接受檢查。
但我要求你們星艦上也出 4 個人，來和我們進行比賽。

甚麼比賽？
我們各出 4 個人駕駛 4 艘帶着同樣裝滿能量的同規格偵察艦，來比誰的偵察艦跑得更遠，並且安全返回星艦。如果我們贏了，你們就帶我們去你們生活的地方做考察；如果我們輸了，就立刻退出這片星域。不知你們意下如何？
好，就按你說的辦。

我們幾個小孩怎麼和他們比呀？
別慌，我們比的是路程。一艘裝滿能量的偵察艦，最多能跑 36 萬公里，想想看我們 4 艘能跑多遠？

就由我去最遠的地方，朱栗第一個停下來，然後是阿柳博士，再接着就是李沖沖。

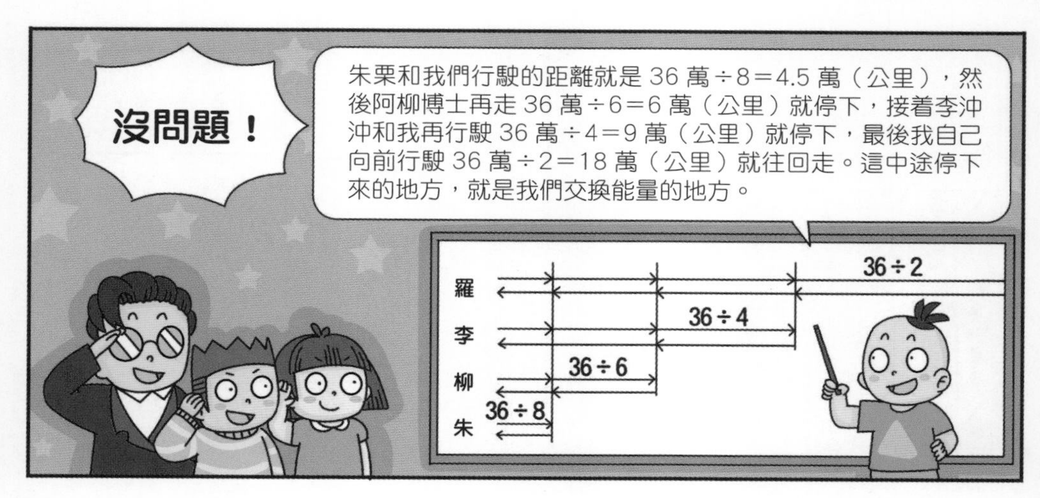
沒問題！
朱栗和我們行駛的距離就是 36 萬÷8＝4.5 萬（公里），然後阿柳博士再走 36 萬÷6＝6 萬（公里）就停下，接着李沖沖和我再行駛 36 萬÷4＝9 萬（公里）就停下，最後我自己向前行駛 36 萬÷2＝18 萬（公里）就往回走。這中途停下來的地方，就是我們交換能量的地方。
羅
李
柳
朱
36÷2
36÷4
36÷6
36÷8

那你最遠能走 4.5 萬＋6 萬＋
9 萬＋18 萬＝37.5 萬（公里）。
這個方案很棒，行動中
注意安全。
明白了！

比賽開始！

我已到 4.5 萬公里
處停下，over！
我已到達 10.5
萬公里處停下，
over！
我已到達 19.5
萬公里處停下，
over！
我已到達 37.5
萬公里處，準
備返航。

我們只能到 18 萬
公里的地方，他這
是用了甚麼招數？

我沒想到你們居然是 3 個小孩子！
應該不存在危險，走吧，去我們那
裏看看。
好耶！

我們憑借自己的努力，已經探明我們這片星域的大部分了，可以說我們征服了這片星域。
能給我們詳細講講嗎？我們準備做成一份報告，打通與你們的聯繫。

四個月過去了
報告終於寫好啦！
這裏的信號太弱了，我準備去到星域外，把報告傳回三角形星。

可是這裏到星域外比 3000 萬公里還多啊！我們的星艦能量最多也就行駛 3000 萬公里。
這就需要長官幫忙了。

麻煩你們也準備 2 艘星艦送送我們，你們的星艦應該也是裝滿能量能跑 3000 萬公里的吧。根據我的測算，應該正好能讓我們駛出這片星域，你們的兩艘星艦也正好能返回。
很樂意効勞。

這裏到星域外究竟有多遠呀？

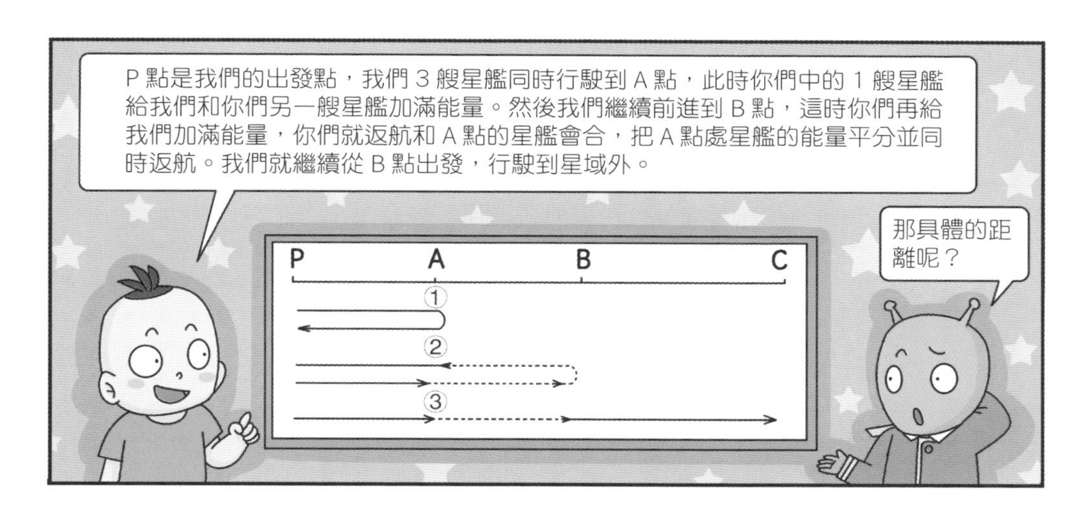
P 點是我們的出發點，我們 3 艘星艦同時行駛到 A 點，此時你們中的 1 艘星艦給我們和你們另一艘星艦加滿能量。然後我們繼續前進到 B 點，這時你們再給我們加滿能量，你們就返航和 A 點的星艦會合，把 A 點處星艦的能量平分並同時返航。我們就繼續從 B 點出發，行駛到星域外。
P
A
B
C
①
②
③
那具體的距離呢？

根據羅大頭的分析，PA＝3000 萬÷5＝600 萬（公里），AB＝3000 萬÷3＝1000 萬（公里），BC＝3000 萬公里。所以這裏到星域外的距離就是 600 萬＋1000 萬＋3000 萬＝4600 萬（公里）。
原來有這麼遠啊。

我現在就安排兩艘星艦護送你們。

希望我們能夠儘快再次見面。
我相信這天很快會到來的。

對了，長官叔叔，你們也可以學我們的方法，加快你們探索的腳步哦。
我明白了，謝謝你們。

20. 無處不在的黃金比例
——黃金分割的應用

阿柳博士，向日葵和
其他植物都枯萎了，
這該怎麼辦啊？
我來看看。

博士的魔法

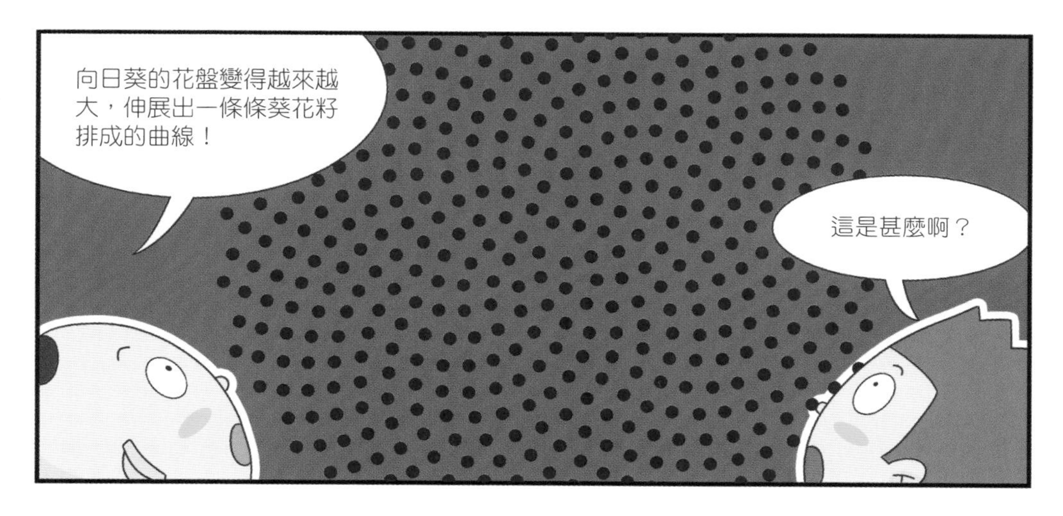
向日葵的花盤變得越來越
大，伸展出一條條葵花籽
排成的曲線！
這是甚麼啊？

這是斐波那契圖線！
甚麼是斐波那契圖線呢？
解開斐波那契數的奧祕，你們就知道了！

啊！啊！啊！怎麼被向日葵吸進去啦？

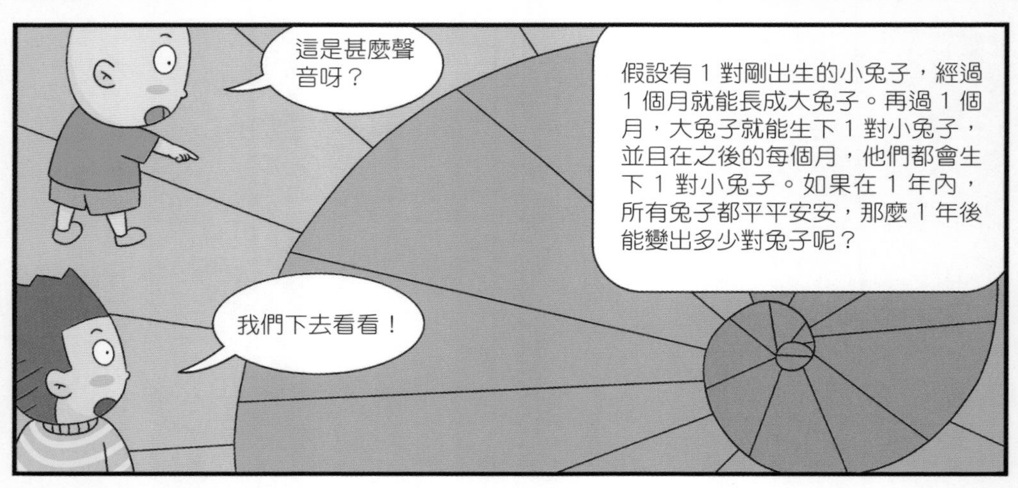
這是甚麼聲音呀？
假設有 1 對剛出生的小兔子，經過 1 個月就能長成大兔子。再過 1 個月，大兔子就能生下 1 對小兔子，並且在之後的每個月，他們都會生下 1 對小兔子。如果在 1 年內，所有兔子都平平安安，那麼 1 年後能變出多少對兔子呢？
我們下去看看！

假設……
1 月 1 對小兔，2 月長成 1 對大兔，3 月 1 對大兔生出 1 對小兔共兩對，依此 4 月有 3 對，5 月第 2 對小兔也能生兔子了，就有 5 對了。
月份
示意圖
兔子數(對)
1 1
2 1
3 2
4 3
5 5

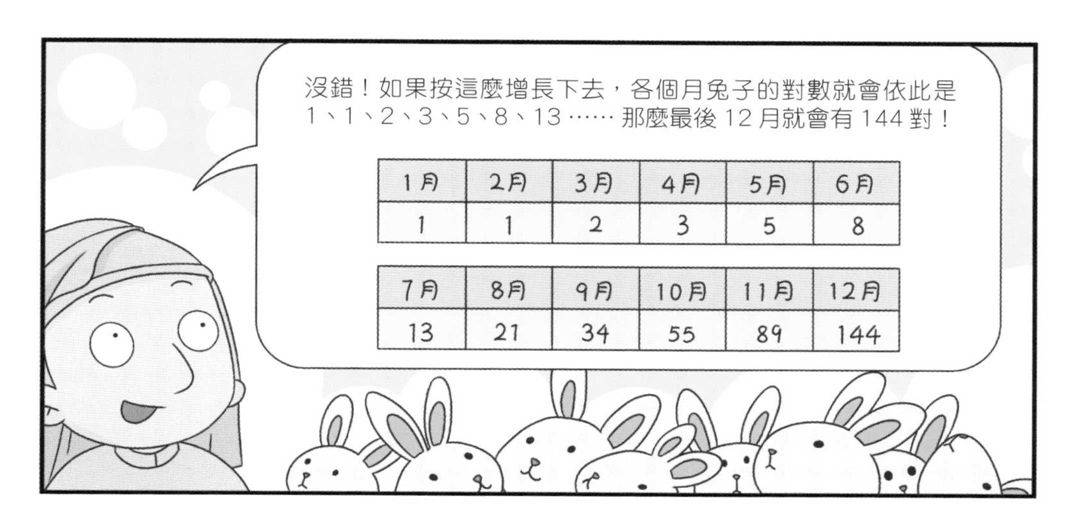

沒錯！如果按這麼增長下去，各個月兔子的對數就會依此是 1、1、2、3、5、8、13⋯⋯ 那麼最後 12 月就會有 144 對！
1月
2月
3月
4月
5月
6月
1
1
2
3
5
8
7月
8月
9月
10月
11月
12月
13
21
34
55
89
144

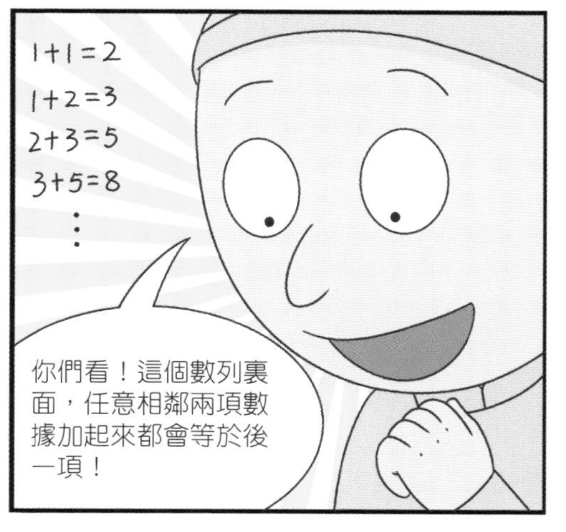

1+1=2
1+2=3
2+3=5
3+5=8
⋮
你們看！這個數列裏面，任意相鄰兩項數據加起來都會等於後一項！

你是斐波那契先生嗎？
是的。

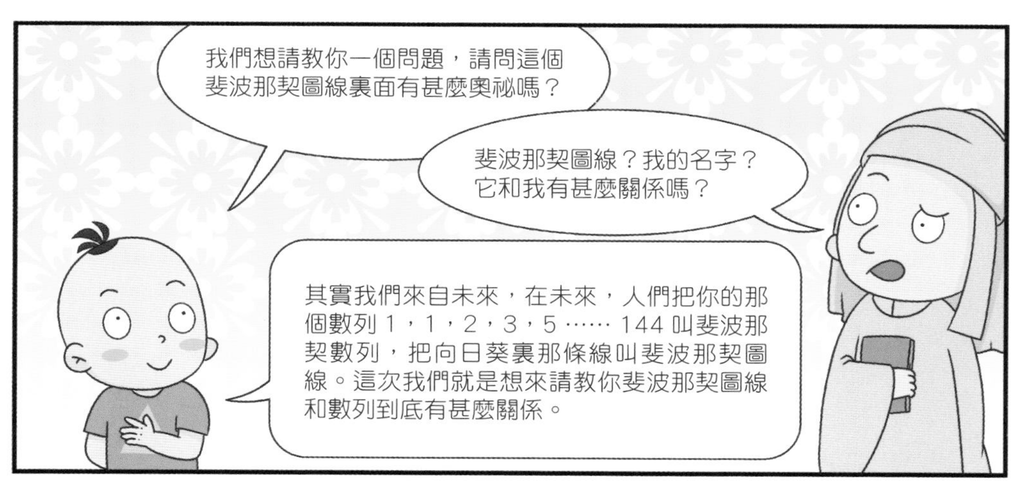

我們想請教你一個問題，請問這個斐波那契圖線裏面有甚麼奧祕嗎？
斐波那契圖線？我的名字？它和我有甚麼關係嗎？
其實我們來自未來，在未來，人們把你的那個數列 1，1，2，3，5⋯⋯ 144 叫斐波那契數列，把向日葵裏那條線叫斐波那契圖線。這次我們就是想來請教你斐波那契圖線和數列到底有甚麼關係。

你發現了嗎？這上面的數字和我剛剛算的兔子的數量一模一樣呀！他們的數值都是一樣的。
0.618？那不是黃金比例嗎？
我還發現了：這個數列越往後，相鄰兩個數據的比值越來越接近0.618。

任何物體如果符合黃金比例，那麼這個物體就很好看。黃金比例就是大畫家達文西給它取的名字。順便說一下，第 481 個斐波那契數是挺大的，它已比一個半googol（10^{100}）都還大。那你們知道還有甚麼東西符合斐波那契圖線嗎？

松果！它的排列也很接近斐波那契圖線的。
還有我們的耳朵！

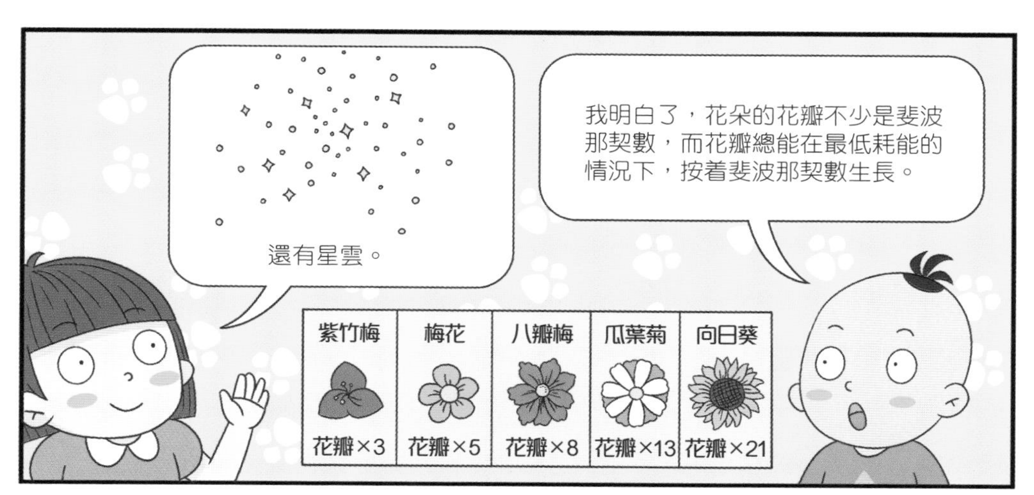
還有星雲。
我明白了，花朵的花瓣不少是斐波那契數，而花瓣總能在最低耗能的情況下，按着斐波那契數生長。
紫竹梅
花瓣×3
梅花
花瓣×5
八瓣梅
花瓣×8
瓜葉菊
花瓣×13
向日葵
花瓣×21

太好了！謝謝斐波那契先生解開斐波那契圖線的奧祕！
我也謝謝你們能讓我看見這麼美麗的圖線！

21. 鮑西婭的盒子——妙用邏輯推理

朱栗，我們出去玩吧！
喂！朱栗！
認真
威尼斯商人

她看得好認真哦。
真的有那麼好看嗎？

沒辦法，那我就帶你們去《威尼斯商人》的世界裏看看吧。

真的嗎？我們快出發吧！

威尼斯
啪！
嘩！真神奇！我們到書裏的世界了！

一座水上的城市，真的好漂亮啊！
說起來，你們知道巴薩尼奧和鮑西婭是怎麼結婚的嗎？

怎麼結婚的？
是因為鮑西婭的爸爸留下的遺產。

遺產？那是黃金還是白銀？
你怎麼眼中只有錢啊！是金盒子、銀盒子和鉛盒子。但是在三個盒子裏，有一個裝的是鮑西婭的畫像。

畫像在其中一個盒子裏。三個盒子上分別寫了三句話，只有一個盒子上的話是真話，你們知道畫像在哪個盒子裏嗎？
銀
畫像不在這個盒子裏
金
畫像在這個盒子裏
鉛
畫像不在金盒子裏
我看過故事的內容，我不告訴你們的話，你們能選對嗎？

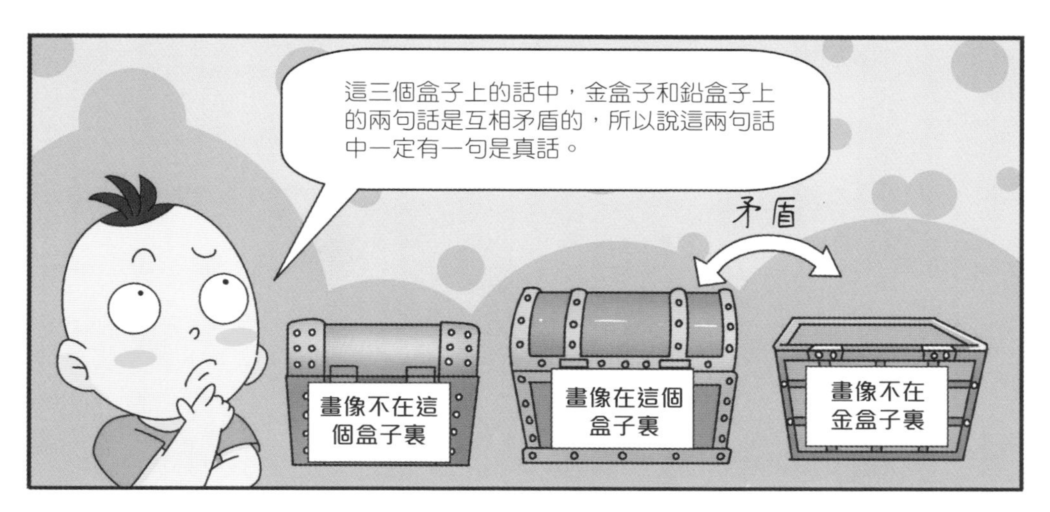
這三個盒子上的話中，金盒子和鉛盒子上的兩句話是互相矛盾的，所以說這兩句話中一定有一句是真話。
矛盾
畫像不在這個盒子裏
畫像在這個盒子裏
畫像不在金盒子裏

那麼銀盒子上的話肯定是假話啦。它的反面就是真的，銀盒子的反面是：畫像在這個盒子中。
畫像不在這個盒子裏
假話

所以畫像一定在銀盒子裏！

說得沒錯，這就是這個問題的答案，畫像就是在銀盒子裏。現在時間剛好，我們一起去鮑西婭的家看一下吧！
好呀！

船家！能不能去鮑西
婭的家啊？

我剛都聽見你們說着甚麼
鮑西婭的盒子，我一聽就
知道你是貪圖鮑西婭的美
貌與智慧！

鮑西婭可看不上帶了三個
孩子的男人，你們還是趁
早打道回府吧。
船家，你誤會了。我不是來娶鮑西婭
的，他們三個也只是我的學生，我們
師生四人只是想來看看鮑西婭究竟會
嫁給誰罷了。
……

這麼說，你是老師，他們
是學生呀？嗯……我還
是不信，除非你們證明給
我看。

那要怎麼證明？
叔叔你說吧！

你們看啊，這座房子有四層樓，每層樓有 3 個窗戶，每個窗戶有 4 塊玻璃，玻璃的顏色分別是白色和藍色。假如每個窗戶代表一個數字，從左到右表示一個三位數，四個樓層表示的三位數分別是 791、275、362、612。那麼你們猜，第三層樓代表哪個三位數？

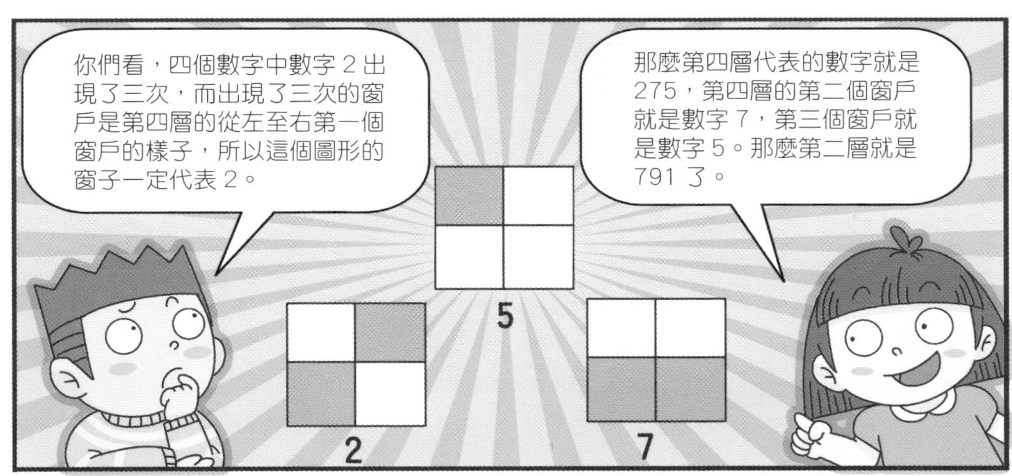
你們看，四個數字中數字 2 出現了三次，而出現了三次的窗戶是第四層的從左至右第一個窗戶的樣子，所以這個圖形的窗子一定代表 2。
那麼第四層代表的數字就是 275，第四層的第二個窗戶就是數字 7，第三個窗戶就是數字 5。那麼第二層就是 791 了。
5
2
7

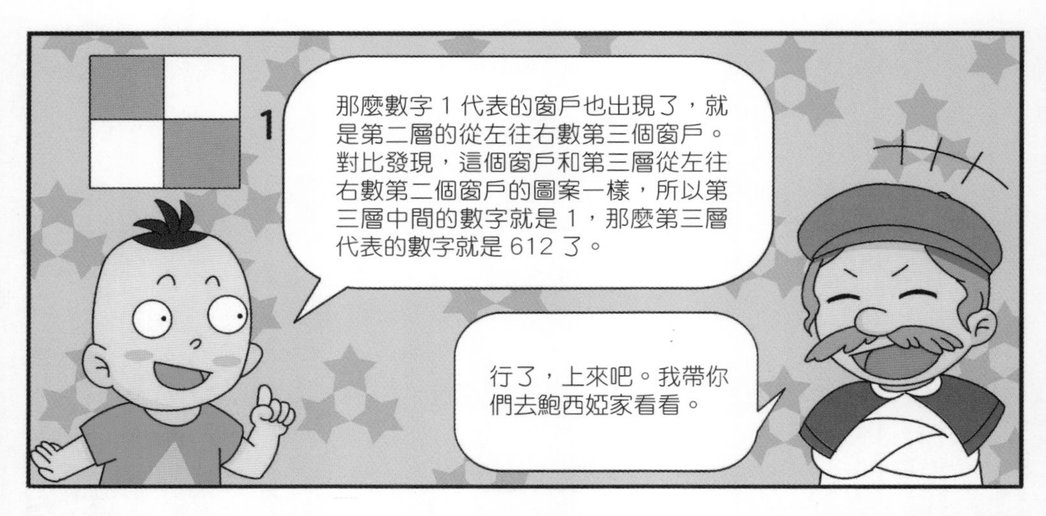
1
那麼數字 1 代表的窗戶也出現了，就是第二層的從左往右數第三個窗戶。對比發現，這個窗戶和第三層從左往右數第二個窗戶的圖案一樣，所以第三層中間的數字就是 1，那麼第三層代表的數字就是 612 了。
行了，上來吧。我帶你們去鮑西婭家看看。

嘩，這就是文藝復興時期的威尼斯啊！
咦？那是……

嘿，老夥計，你這滿臉笑意的，莫不是發財了？
哦，你說的沒錯，我的老夥計。

讓我猜猜，你發了多少。莫不是幾百萬？
就發了個小財，我的老夥計。悄悄告訴你，發財的數字是個五位數，5 個數字還各不相同。

我猜是 84261 吧？
搖頭
搖頭

那我猜是
26048 ！
那我猜這個數
是 49280。
不對！

還是不對，不過你們剛才都猜
對了位置不相鄰的兩個數字，
而且每人說的數字中的某一位
數字和我得到的錢的數字的同
一位數相同。

這就算你們猜對了那
個數字。現在你們知
道是多少了吧。
甚麼意思啊？
划走

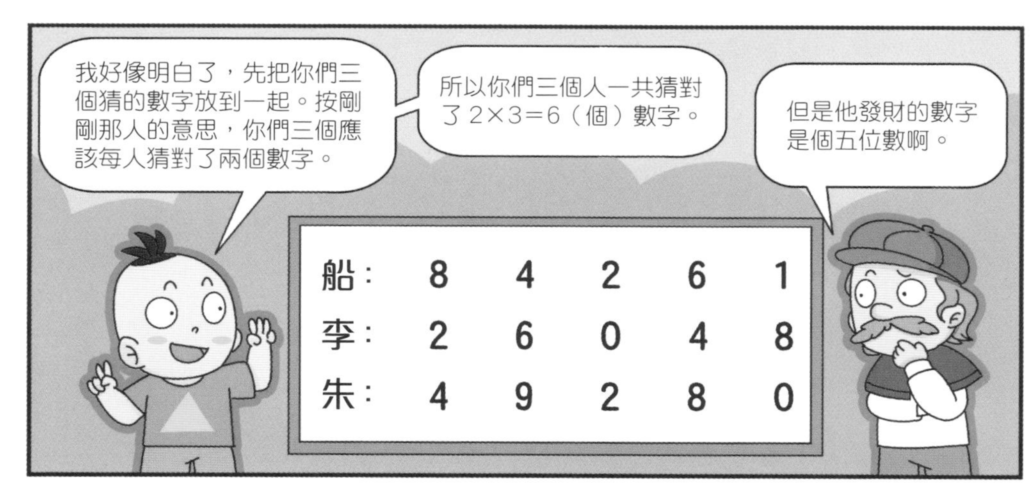
我好像明白了，先把你們三
個猜的數字放到一起。按剛
剛那人的意思，你們三個應
該每人猜對了兩個數字。
所以你們三個人一共猜對
了 2×3=6（個）數字。
但是他發財的數字
是個五位數啊。
船： 8 4 2 6 1
李： 2 6 0 4 8
朱： 4 9 2 8 0

肯定有一位數被兩個人同時猜對啊。這個 2，就是同時猜對的數字。而且，你們猜對的數字各不相鄰，所以李沖沖猜對的一定是第 2 和第 4 位數字，也就是 6 和 4，那麼發財的數字現在就是 $x624y$ 了。

船：	8	4	2	6	1
李：	2	6	0	4	8
朱：	4	9	2	8	0

$x624y$

這就是愛情嗎？
真叫人羨慕啊！

可是都沒有趕上解答
盒子謎題的過程！

可惜了！如果我們
和船家沒跟那個人
嘮叨的話，我們就
可以趕上了。

阿柳博士，接下來的故
事呢？《威尼斯商人》的
主題不是愛情吧？

欲知後事如何，
且聽下回分解。
回到實驗
室了！

22. 讀心術的奧祕——妙用二進制

星期日，阿柳博士
帶小夥伴們去觀看
一場魔術表演。

我是這個世界上最
厲害的魔術師，還
沒有人能破解我的
魔術！

真有那麼厲
害嗎？
我們一定能
看穿的！

現在有個魔術
需要幾個人來
配合一下！有
誰願意嗎？
配合？！

好，那就請三位
小朋友上來配合
我吧！
選我！選我！

嘿！
唰～
唰～
唰～

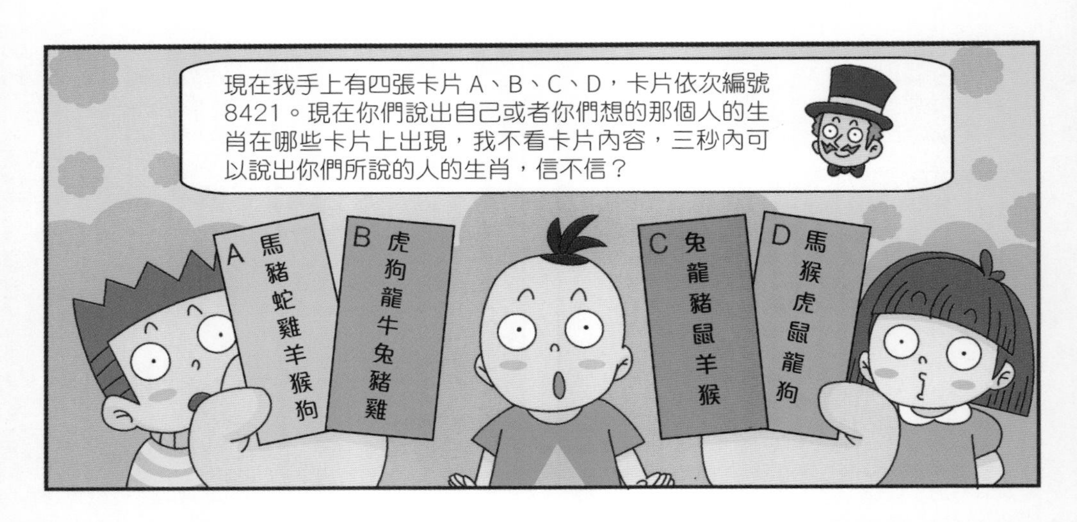
現在我手上有四張卡片 A、B、C、D，卡片依次編號 8421。現在你們說出自己或者你們想的那個人的生肖在哪些卡片上出現，我不看卡片內容，三秒內可以說出你們所說的人的生肖，信不信？
A 馬豬蛇雞羊猴狗
B 虎狗龍牛兔豬雞
C 兔龍豬鼠羊猴
D 馬猴虎鼠龍狗

卡片上寫了這麼多生肖，你不可能一下子就找到的！
看好吧！
哼哼～

我想的是我自己的生肖，它出現在B、C 卡片上！
你的生肖是兔。

我想的是我爸爸的生肖，它出現在 A、B、C 卡片上面。
豬，這位小朋友父親的生肖！

我奶奶的生肖在 A、C、D 卡片上。
你奶奶屬猴！
嘭！

居然全對了！

這不可能！你怎麼會那麼快就知道我們和我們家人的生肖？
因為我是魔術師！我會讀心術！

那你知道阿柳博士的生肖嗎？
阿柳博士的生肖在B、C、D卡片上！

阿柳博士屬龍。
震驚

鞠躬
我知道你是怎麼做到的。

阿柳博士你也會讀心術嗎？
我不會讀心術，但並不意味着我猜不到答案。

唰～
看我的！

你們來看看卡片
上的數字。

①
1 3
5 7
9 11
13 15
②
2 3
6 7
10 11
14 15
③
4 5
6 7
12 13
14 15
④
8 9
10 11
12 13
14 15
你們現在隨便想一個數，告訴我
出現在哪些卡片上，我就能猜出
這個數。

①和④的卡片上。
是 9 吧。
9
還真是！

②、③、④卡
片上。
14，對嗎？
14
原來阿柳博士
也會讀心術！

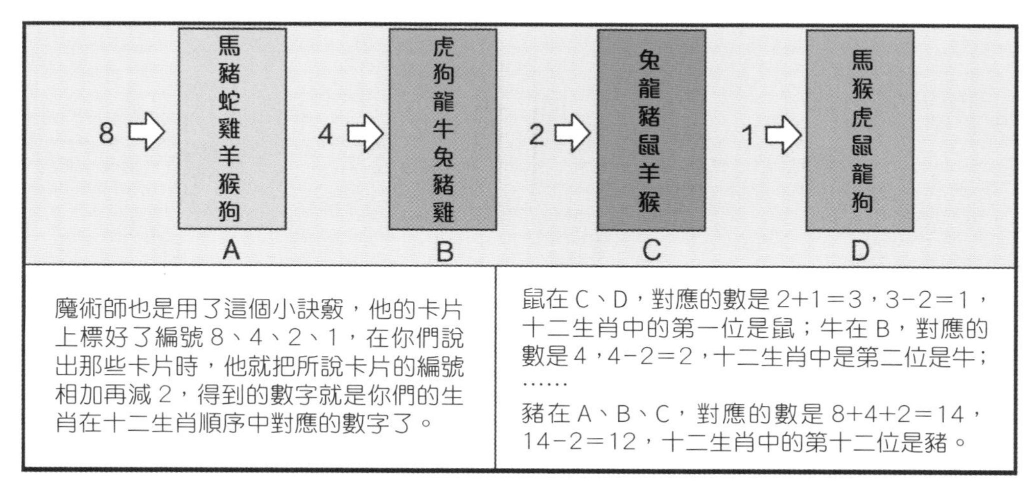

魔術師也是用了這個小訣竅，他的卡片上標好了編號 8、4、2、1，在你們說出那些卡片時，他就把所說卡片的編號相加再減 2，得到的數字就是你們的生肖在十二生肖順序中對應的數字了。

鼠在 C、D，對應的數是 2+1＝3，3−2＝1，十二生肖中的第一位是鼠；牛在 B，對應的數是 4，4−2＝2，十二生肖中是第二位是牛；……

豬在 A、B、C，對應的數是 8+4+2＝14，14−2＝12，十二生肖中的第十二位是豬。

我們在設計卡片的時候用到了二進制！通過只看一張卡片上的第一個數，再看兩張卡片上的第一個數能組成哪些數，再看三張卡片、四張卡片上的第一個數之和是哪些數，並把這些數分別寫在對應的卡片上，最後把個別數的位置調整一下，把每張卡片上的數按照從小到大的順序進行排列。

同一個數出現的卡片數量	數					
1 張	1	2	4	8		
2 張	1+2＝3	1+4＝5	1+8＝9	2+4＝6	2+8＝10	4+8＝12
3 張	1+2+4＝7	1+2+8＝11	1+4+8＝13	2+4+8＝14		
4 張	1+2+4+8＝15					

德國數學家萊布尼茲 1716 年發表《論中國的哲學》，專門討論了八卦與二進制，系統地提出二進制法則。

他們兩位就是二進制的發明者。不僅如此，二進制對後來電腦的發展產生了深遠的影響。現在的電腦語言裏就主要採用了二進制、八進制以及十六進制。

原來這就是讀心術的奧祕！

李沖沖你要去幹甚麼？

我要去給朋友們變魔術！
哈
哈
哈

23. 泡泡國奇遇記——抓不變量解分數問題

呼～

啪！

李沖沖，你為甚麼把泡泡都給弄破了？
可是泡泡本來存在的時間就不長啊。

既然你們這麼喜歡泡泡，那我們就去泡泡國遊玩一圈。

嘿！看我的！

嘩！

這裏就是泡泡國嗎？

現在有一個問題，你們帶了泡泡幣嗎？
啊？那是甚麼啊？是泡泡國的貨幣嗎？

哈哈！我就知道你們不會準備，還好我早有準備。

你們看這泡泡幣，長得和吹出來的肥皂泡一模一樣，拿在手裏還不會破。

好神奇啊！不過，我怎麼感覺你的泡泡幣比我多呢？

1、2……哎呀，還真是！
好啊，你的泡泡幣果然比我的多$\frac{1}{3}$。

好吧，我花錢沒那麼多，就勉為其難地給你 8 個吧！
那麼我現在的泡泡幣就比你的多了$\frac{1}{4}$。

你們倆在說甚麼呢？泡泡雲都到站了啊！

阿柳博士，朱栗，你們倆剛剛聽到我們分錢的過程了吧？你們能說出我和李沖沖一共得到了多少泡泡幣嗎？

阿柳博士，我有個想法。
那朱栗你先說說。

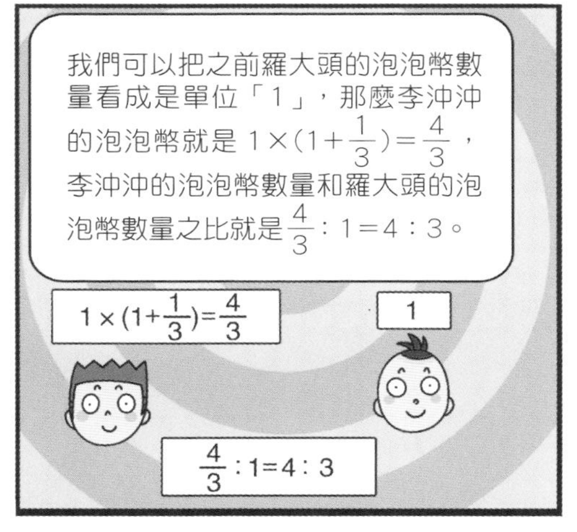

我們可以把之前羅大頭的泡泡幣數量看成是單位「1」，那麼李沖沖的泡泡幣就是 $1\times(1+\frac{1}{3})=\frac{4}{3}$，李沖沖的泡泡幣數量和羅大頭的泡泡幣數量之比就是 $\frac{4}{3}:1=4:3$。
$1\times(1+\frac{1}{3})=\frac{4}{3}$
1
$\frac{4}{3}:1=4:3$

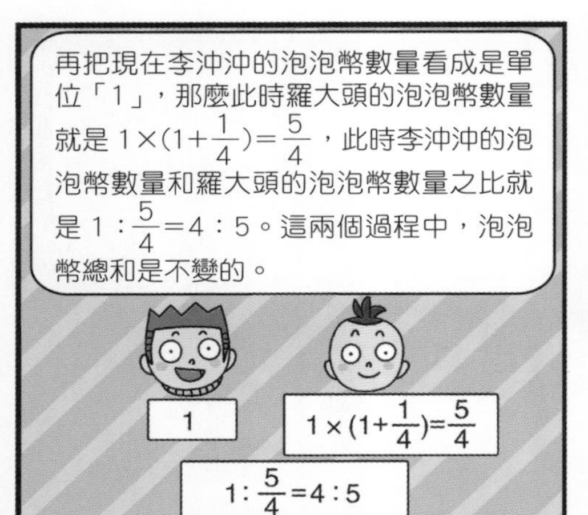

	李沖沖	羅大頭
李沖沖給之前	4	3
李沖沖給之後	4	5

	李沖沖	羅大頭
李沖沖給之前	36	27
李沖沖給之後	28	35

給之前你們倆一共有 7 份，給之後你們倆一共有 9 份，兩個數互質，那麼你們一共有 7×9＝63(份)，於是可以列出表格。

李沖沖給了羅大頭 8 個泡泡幣後，從「36 份」變成了「28 份」，羅大頭由「27 份」變成了「35 份」，那麼 8 個泡泡幣恰好就對應了 36 份－28 份＝8 份。
36 ⇨ 28
27 ⇨ 35

那麼，你們兩個人的泡泡幣總數就應該是 8÷(36－28)×(36＋27)＝63（個）。
對了！

說起來，我有一種簡單的方法來求你們倆的泡泡幣總數。
甚麼方法？

你倆的泡泡幣總數是不變的，所以就假設你倆泡泡幣的總數為單位「1」。在李沖沖給羅大頭泡泡幣之前，由於 $1+\frac{1}{3}=\frac{4}{3}$，李沖沖有泡泡幣總數的 $\frac{4}{3+4}=\frac{4}{7}$。
$\frac{4}{7}$

而在李沖沖給了羅大頭泡泡幣之後，由於 $1+\frac{1}{4}=\frac{5}{4}$，李沖沖就有泡泡幣總數的 $\frac{4}{4+5}=\frac{4}{9}$。那麼，你倆一共有 $8\div(\frac{4}{7}-\frac{4}{9})=63$（個）泡泡幣。
好像阿柳博士說的這個方法是簡單一些。
$\frac{4}{9}$
$8\div(\frac{4}{7}-\frac{4}{9})=63$

飯菜的香味！

這家泡泡飯店的
飯菜好香，要不
進去吃一頓？
泡泡飯店

嘿，有四位貴客，
請進裏面。

想吃甚麼？菜單
就在您左手邊。

麻辣泡泡魚要 1200 泡泡幣？

是啊！這您可不知道啊！泡
泡魚的味道棒極了，我們敢
說第二，沒有店敢說第一。

哎喲……我們的泡泡幣不夠，還是下次再來吃吧。
啊……

今天我們大胃王泡泡兩兄弟，就在這裏給大傢伙表演一下甚麼叫大胃王泡泡。

我們也給圍觀的眾泡泡準備了福利。
誰要是能說出來我們一共準備了多少泡泡食物來吃，他們今天在這裏的開銷就由我們兩兄弟來買單。
機會來了！

嘩！真的好能吃啊！

在座的泡泡兄弟姐妹們，剛才吃東西時，我面前的食物比我弟弟面前的食物多$\frac{1}{4}$。
而我哥哥吃下去的食物比我吃的多$\frac{1}{3}$。

現在我倆面前都剩了12盤泡泡食物，那麼我們倆剛才到底準備了多少盤泡泡食物？

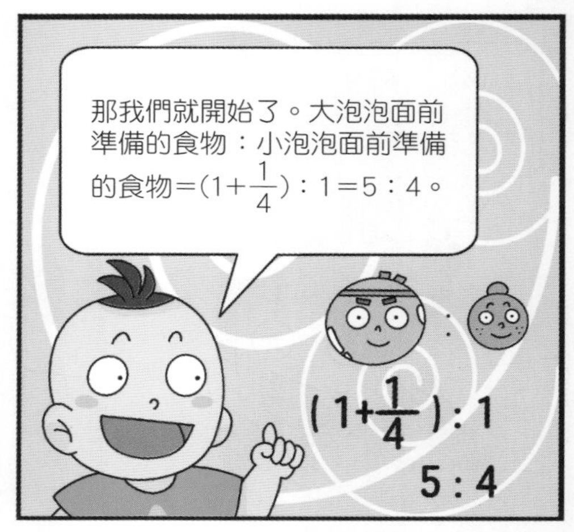

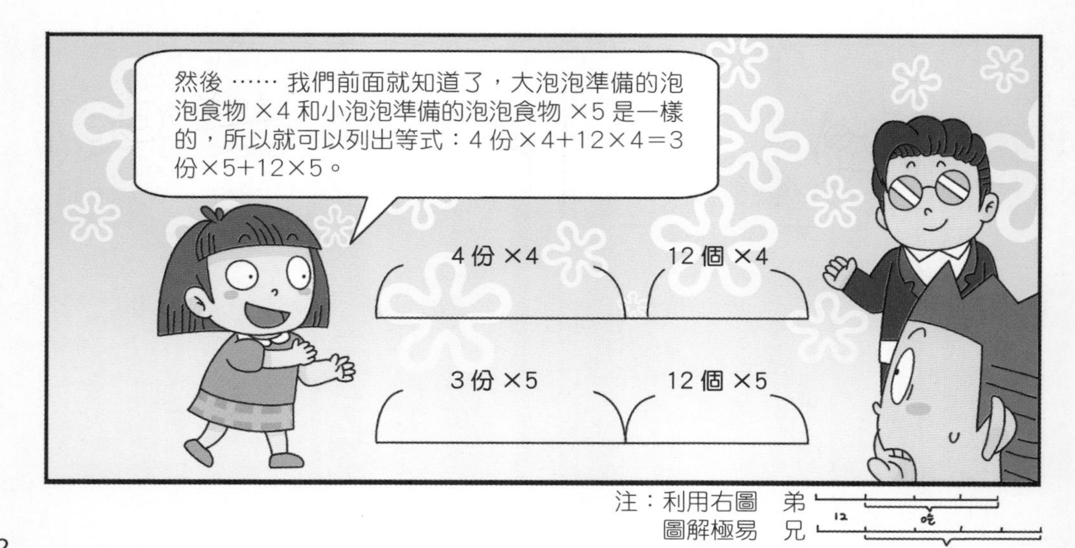

注：利用右圖圖解極易

弟
12
吃
兄
吃

那麼就可以解出來 1 份＝12 盤泡泡食物，你倆一共有 5+4＝9（份）泡泡食物，所以你們準備的泡泡食物數量就是 12×9＝108（盤）。

好！算得好！說得一點也沒錯！大哥，我們這福利總算是送出去了！
沒錯！

請問你們可有興趣去我們兩兄弟開辦的泡泡武館一趟？
要去！要去！

不過能先讓我們吃飯嗎？
看我這記性，等諸位吃過飯，我們再去武館看一看。

飯後他們跟着泡泡兄弟二人，來到了泡泡武館。
泡泡武館

最近武館在裝修，所以給學員們放了假，順便來清點一下東西。
想必是有甚麼需要我們幫忙的吧？
這都瞞不過您，確實有要您們幫忙的。

是這樣的，我們想統計武館裏有多少女性泡泡，但是現在我們只留下了一點之前的學員的記錄。
泡泡也有性別之分嗎？

有的，剩下的我來說吧。起先我們本來就有幾個泡泡在這裏，後來來了幾個男性泡泡，此時女性泡泡佔總數的 30%；後來又來了 15 個女性泡泡，此時女性泡泡就佔總數的 44%。現在的問題就是：最開始泡泡武館中有幾個女性泡泡？

這你們可問對人了，我們肯定能幫你們解決的！

博士，你已經知道武館有多少女性泡泡了？
是啊，可以抓住在 15 個女性泡泡來的前後，男性泡泡的個數沒有變化來解。

將男性泡泡數量看作是「1」，那麼來 15 個女性泡泡之前，泡泡總個數是 $\frac{10}{7}$，來 15 個女性泡泡之後，泡泡總個數是 $\frac{25}{14}$。所以 15 個女性泡泡對應的分數是 $\frac{25}{14}-\frac{10}{7}=\frac{5}{14}$，原來的女性泡泡對應的分數是 $\frac{3}{7}$，所以原來女性泡泡的個數是：$15\div(\frac{3}{7}\div\frac{5}{14})=18$（個）。

$15\div(\frac{3}{7}\div\frac{5}{14})=18$（個）。

來 15 個女性泡泡之前，男性泡泡和女性泡泡的個數比是 7：3；來 15 個女性泡泡之後，男性泡泡和女性泡泡的個數比是 14：11。列出表格就是這樣。

	男性泡泡	女性泡泡
15 個女性泡泡來之前	7	3
15 個女性泡泡來之後	14	11

	男性泡泡	女性泡泡
15 個女性泡泡來之前	14	6
15 個女性泡泡來之後	14	11

24. 象棋英雄羅大頭——競技中的數學推理問題

國際象棋大賽的半決賽現場
蟬聯冠軍李沖沖
黑馬羅大頭
實力派朱栗

你記得剛剛的開幕式嗎？六強選手都出現了，那火藥味可太重了。
是啊！是啊！本來是兩兩都要握手的。

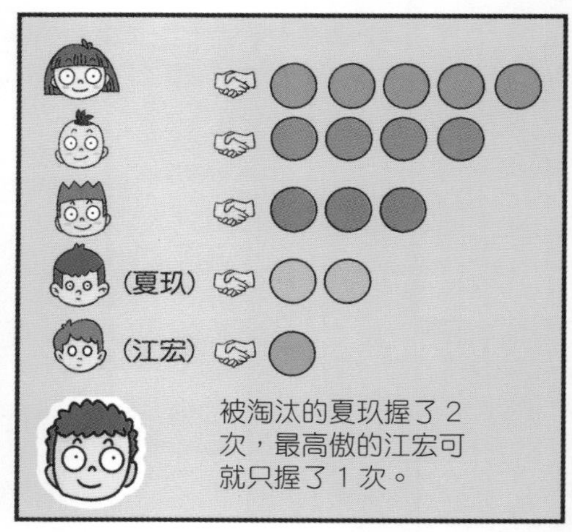
（夏玖）
（江宏）
被淘汰的夏玖握了 2 次，最高傲的江宏可就只握了 1 次。

那被淘汰的第 6 名那個小妹妹握了幾次手呢？
哦？

我知道！
首先那會兒朱栗握了 5 次手，說明她和其他 5 個選手都握了手；江宏只握了 1 次，說明這次就是和朱栗握的。

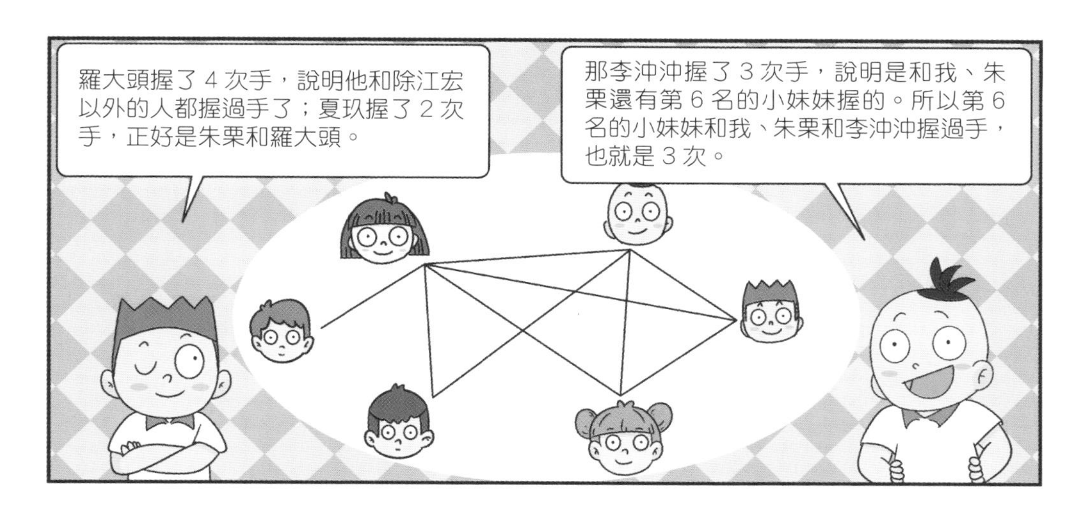
羅大頭握了 4 次手，說明他和除江宏以外的人都握過手了；夏玖握了 2 次手，正好是朱栗和羅大頭。
那李沖沖握了 3 次手，說明是和我、朱栗還有第 6 名的小妹妹握的。所以第 6 名的小妹妹和我、朱栗和李沖沖握過手，也就是 3 次。

分析得不錯。準備一下，你們要開始比賽了。
今天對於羅大頭來說是一場惡戰啊。4 位棋手的實力都不相上下。

他們五個私下比賽的方法也挺有意思的。有一次聽說他們每兩人都要比賽一回合，那時李沖沖已經比了 4 回合，朱栗比了 3 回合，江宏比了 2 回合，夏玖比了 1 回合，而我們的羅大頭嘛……
我？

我那會兒應該比了兩場，還是與朱栗和你比的。
你是怎麼知道的呀？

我比了 4 回合，所以我和你們 4 個人可以連線。

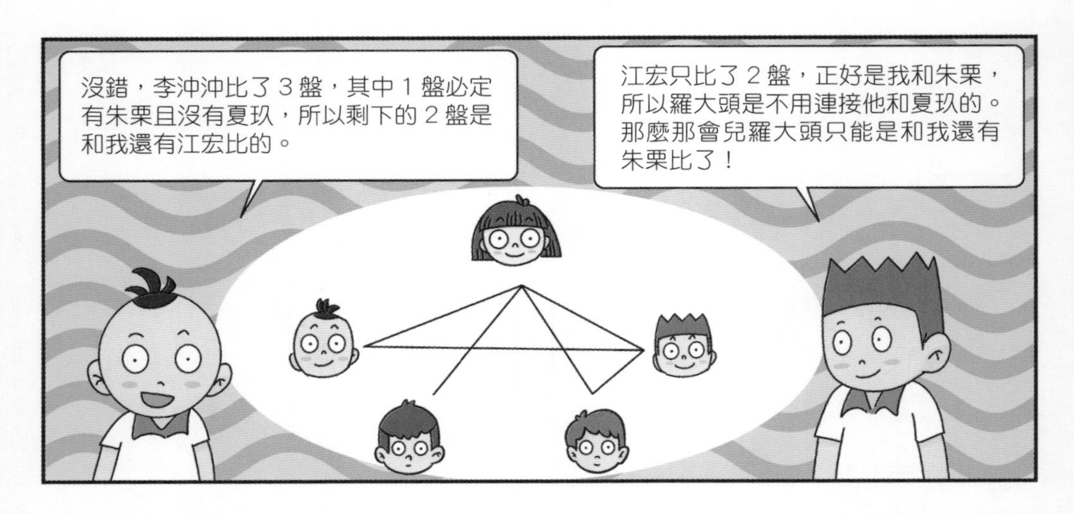
沒錯，李沖沖比了 3 盤，其中 1 盤必定有朱栗且沒有夏玖，所以剩下的 2 盤是和我還有江宏比的。
江宏只比了 2 盤，正好是我和朱栗，所以羅大頭是不用連接他和夏玖的。那麼那會兒羅大頭只能是和我還有朱栗比了！

本次比賽會根據機器分析，自動生成你們的隊友，也就是另一個你。你和另一個你為一隊，每兩名選手之間最多比賽一場，並且同一隊的兩名選手不互相比賽。獲勝得 1 分，失敗扣 1 分，最後積分最多者是冠軍。

現在，比賽開始。
國際象棋大賽

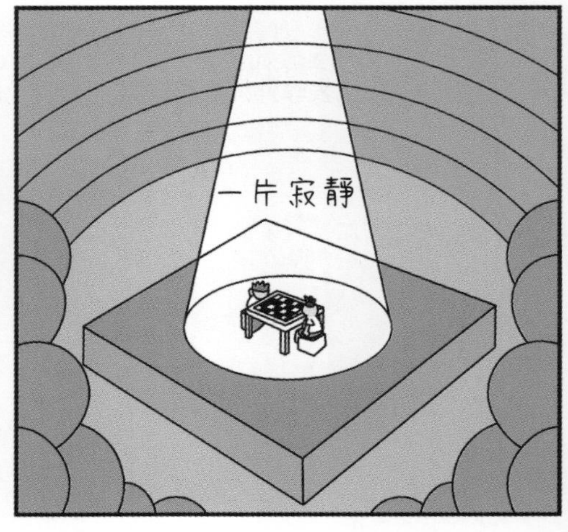
一片寂靜

象棋似布陣，點子
如點兵！

嘿嘿，我
贏了。

中場休息時間
阿柳博士，我的分
身比了多少場了？

除了你自己外，其他幾名選手和他們
的分身比賽的場次各不相同。你知道
自己比了多少場了嗎？

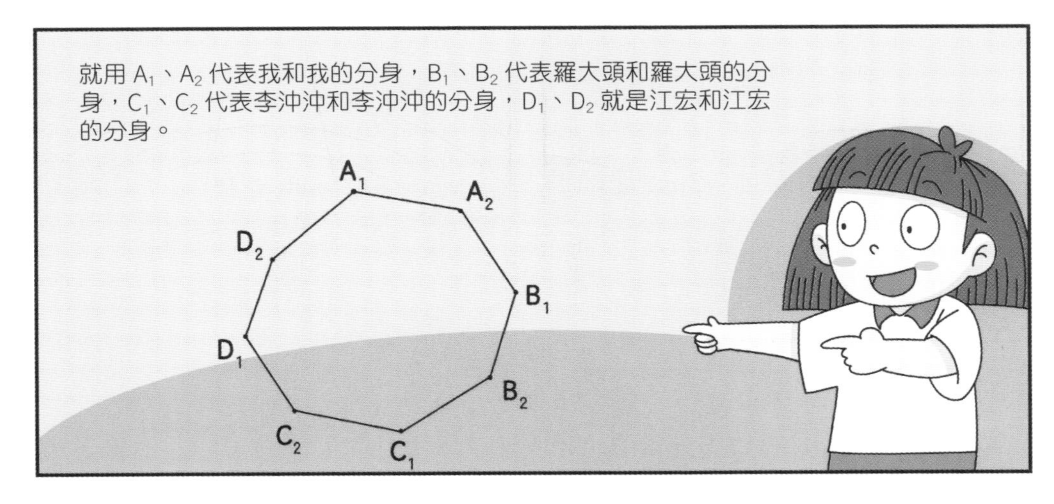
就用 A_1、A_2 代表我和我的分身，B_1、B_2 代表羅大頭和羅大頭的分
身，C_1、C_2 代表李沖沖和李沖沖的分身，D_1、D_2 就是江宏和江宏
的分身。
A_1
A_2
D_2
B_1
D_1
B_2
C_2
C_1

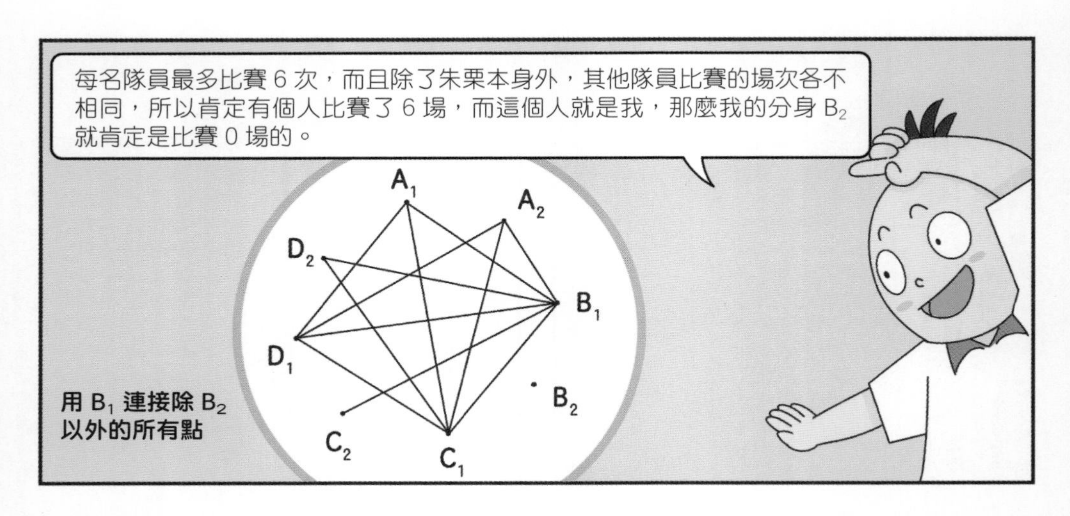
每名隊員最多比賽 6 次，而且除了朱栗本身外，其他隊員比賽的場次各不相同，所以肯定有個人比賽了 6 場，而這個人就是我，那麼我的分身 B_2 就肯定是比賽 0 場的。
A_1
A_2
D_2
B_1
D_1
B_2
C_2
C_1
用 B_1 連接除 B_2 以外的所有點

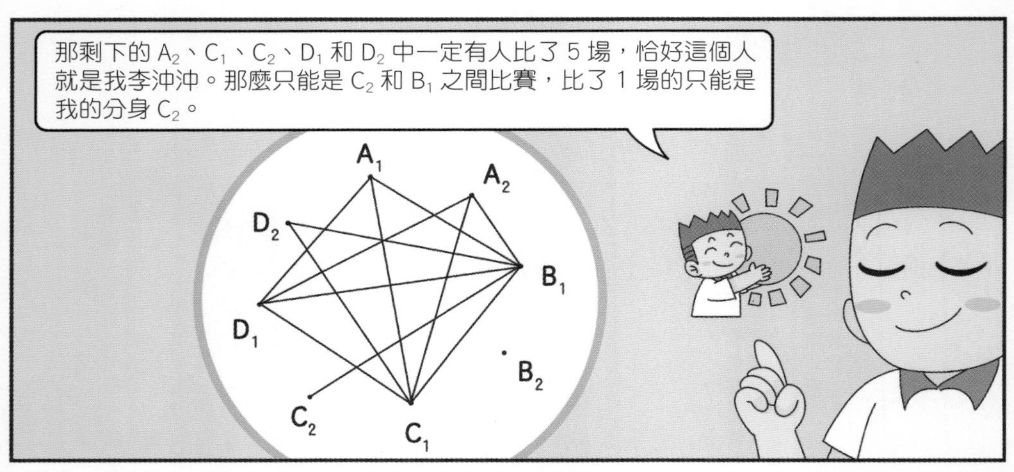
那剩下的 A_2、C_1、C_2、D_1 和 D_2 中一定有人比了 5 場，恰好這個人就是我李沖沖。那麼只能是 C_2 和 B_1 之間比賽，比了 1 場的只能是我的分身 C_2。
A_1
A_2
D_2
B_1
D_1
B_2
C_2
C_1

那繼續假設江宏比了 4 場，D_2 就是比了 2 場的。我和我的分身就是都比了 3 場的。
Bingo！說得沒錯！

比賽又要開始了，請各位選手入座。
主持

羅大頭加油！
朱栗加油！

快點吧，等得我花兒都要謝啦！

這當英雄的感覺還真不錯呢！
下次能讓我當一次嗎？
1

25. 布衣數學家——劉徽

劉徽（約 225 年—約 295 年），漢族，山東濱州鄒平市人，魏晉時期偉大的數學家，中國傳統數學理論的奠基人之一。在中國數學史上作出了極大的貢獻，他的傑作《九章算術注》和《海島算經》，是中國寶貴的數學遺產。

有一天，劉徽偶然中看到石匠在切割石頭，看着看着竟覺得十分有趣，就站在一邊細細地觀察起來。

劉徽看到，一塊方形的石頭，先由石匠切去了四個角，四角的石頭就有了八個角，然後再把這八個角切去，以此類推，石匠一直在把這些角一個一個地切去，直到無角可切為止。

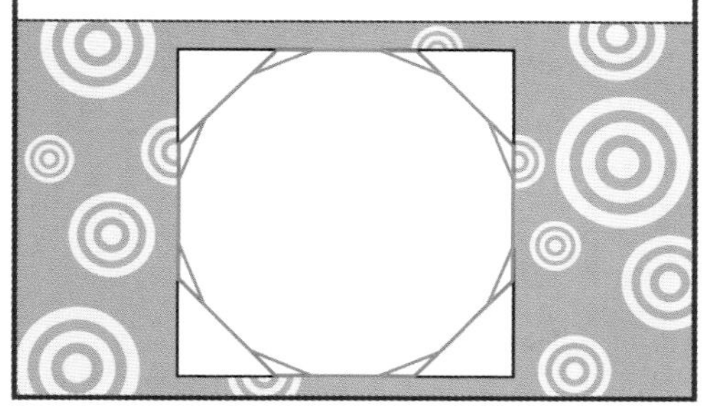

到最後，劉徽發現，本來呈方形的石頭，在不知不覺中變成了一個圓滑的柱子。

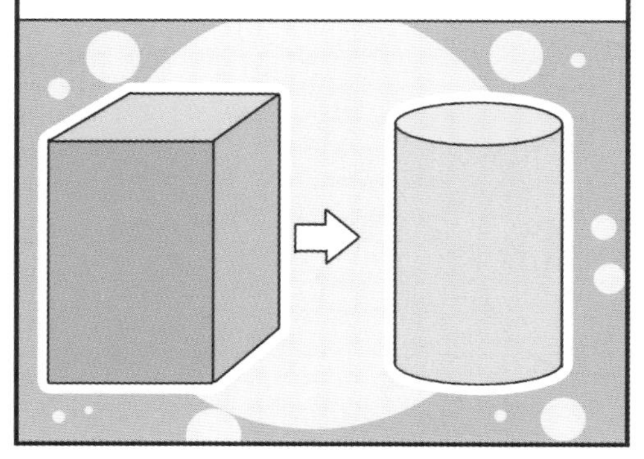

石匠打磨石塊的事情，每天都在發生，但就是這樣的一件小事，讓劉徽瞬間茅塞頓開，看到了別人沒有看到的事情。劉徽就像石匠所做的那樣，把圓不斷分割，終於發明了「割圓術」。

借着從石匠打磨石頭中得來的經驗，劉徽在一個屋子裏畫出了半徑為 1 尺的圓形，然後開始了他的「割圓」。他在圓裏畫出了一個內接正 6 邊形，然後慢慢再在圓內分出內接正 12 邊形，並且根據勾股定理求出了正 12 邊形的邊長，邊長大概是 517638.09 忽（1 尺＝10 寸，1 寸＝100000 忽，1 平方寸＝10000000000 平方忽）。

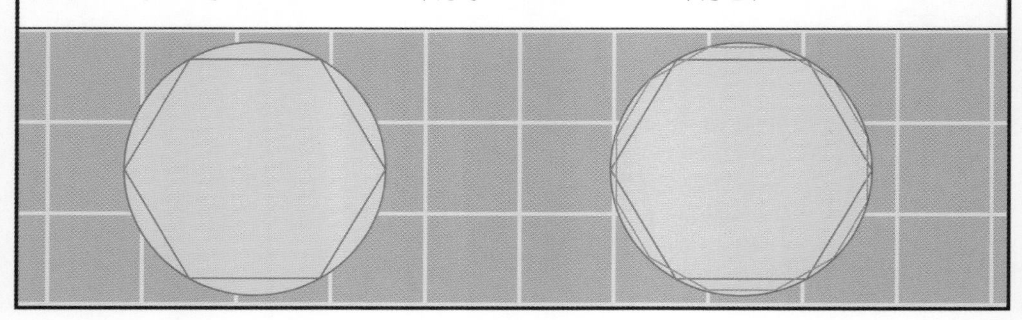

接着，他又把圓逐步分割為內接正 24 邊形、正 48 邊形、正 96 邊形，最後把圓分成了內接正 192 邊形，並且計算出了圓周率在 3.141024 與 3.142704 之間，然後他取了近似值來表示。

不過，劉徽還是不滿意。他覺得這個數值偏小，便繼續將圓分割到 1536 邊形，求出了正 3072 邊形的面積，並得到了自己滿意的答案。根據這個值，劉徽發現了一種快捷算法，只需要把圓分成正 96 邊形，把正 96 邊形得到的數據進行一次除法和一次加法，就能得到和正 1536 邊形同樣精確的 π 值。

和其他的割圓術比起來，劉徽和阿基米德同樣使用雙向迫近，但是劉徽的方法更簡潔先進；托勒密和阿爾．卡西割圓術只是單向迫近，不如劉徽嚴謹；趙友欽割圓術和日本關孝和割圓術從正方形開割，是劉徽方法的變化，而且也是單向迫近。劉徽的割圓術雖然不是世界上最早的，但是卻是最嚴謹、完備、簡潔的割圓術。

在一次次對各種數學理論的研究下，傳世巨著——《九章算術注》和《海島算經》問世了。劉徽不僅整理了中國古代數學體系並奠定了它的理論基礎，還在繼承的基礎上提出了自己的創見。比如割圓術就是他的創新之一，其他還有「牟合方蓋」說、方程新算（利用比率算法）以及《海島算經》中的重差術。

南北朝時期的數學家祖沖之，也是在他的影響下，把圓等分成了 12288 份，得到了 π＝3.1415926，把其精確到了小數點後 7 位，成為了此後千年最精確的圓周率。

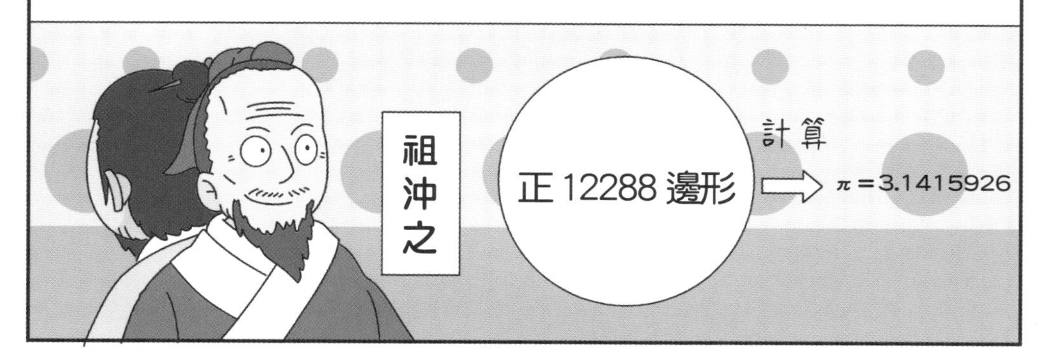

我的數學奇趣世界

在這裏寫下關於數學的奇思妙想吧。